TRAITÉ

D'ARITHMÉTIQUE

Tout exemplaire de cet ouvrage doit porter la signature de
l'auteur.

E. Cassanac

Paris. — Imprimé par E. Turot et Ce, rue Racine, 26.

TRAITÉ

D'ARITHMÉTIQUE

RÉDIGÉ

CONFORMÉMENT AUX PROGRAMMES OFFICIELS

DU

GOUVERNEMENT.

PAR

Eugène CASSANAC.

PARIS.

CHEZ L'AUTEUR,

20, RUE DES FOSSÉS-SAINT-JACQUES, 20.

1858

BIBLIOTHÈQUE PUBLIQUE (MONTBÉLIARD)

TABLE DES MATIÈRES.

Cette Arithmétique est divisée en *huit* livres; le *septième* traite spécialement des questions relatives aux opérations de commerce et de banque, généralement négligées dans les colléges. Les personnes qui désireraient avoir d'autres problèmes de ce genre pourront, comme je l'ai fait moi-même, consulter avec fruit la *Géographie commerciale et industrielle* de M. Sardou et le *Cours complet de tenue des livres et d'opérations commerciales* de MM. Goujon et Sardou.

Quinze années d'expérience comme professeur dans les écoles préparatoires de Paris m'ont fait apprécier les difficultés qui doivent arrêter les élèves; aussi ai-je recherché la *rigueur*, la *clarté* et la *concision* dans l'exposition des théories, sans les entremêler de trop nombreuses applications.

Pour approcher le plus possible du but que je voudrais atteindre, j'accueillerai toujours avec empressement les observations des hommes expérimentés.

En terminant, qu'il me soit permis de payer un tribut de reconnaissance et de profonds regrets à la

mémoire d'un illustre géomètre, d'un homme de génie
enlevé à la science dans la force de l'âge, et alors
qu'il préparait des travaux importants : M. C. Sturm
m'honora de son amitié, et dans nos fréquents entre-
tiens, il voulut bien me donner de précieux conseils
qui m'ont servi de guide dans la rédaction du traité
que je viens offrir au public.

DÉFINITIONS GÉNÉRALES

ET EXPLICATION

DES SIGNES EMPLOYÉS EN ARITHMÉTIQUE.

On appelle *grandeur* ou *quantité* tout ce qui est susceptible d'augmentation ou de diminution.

Un *axiome* est une vérité évidente par elle-même.

Un *théorème* est une vérité qui n'est pas évidente par elle-même, mais qui le devient à l'aide d'une démonstration.

Un *problème* est une question proposée qui exige une *solution*.

Un *lemme* est une vérité qui a besoin d'être démontrée et que l'on établit pour servir à la démonstration d'un théorème ou à la solution d'un problème.

L'*axiome*, le *théorème* et le *lemme* portent indifféremment le nom commun de *proposition* ou de *principe*.

Un *corollaire* est une conséquence immédiate d'une ou de plusieurs propositions.

La *preuve* d'une opération consiste dans une autre opération qui a pour but de vérifier l'exactitude du résultat fourni par la première.

A la rigueur il n'existe pas de moyen certain d'obtenir cette vérification : car des erreurs commises dans chacune des deux opérations peuvent se compenser; il peut se faire aussi que le premier calcul étant exact, on commette des fautes dans le cours de la seconde opération.

On appelle quantité *variable* une quantité qui passe successivement par différents états de grandeur.

On appelle *limite* toute quantité fixe et bien déterminée, dont une grandeur variable peut approcher autant qu'on le voudra sans jamais l'atteindre, et sans qu'on puisse assigner aucun terme à ces rapprochements successifs.

On fait usage en arithmétique des signes et des notations qui suivent :

Addition.	Le signe $+$ *signifie*	plus.
Soustraction.	$-$	. . . . moins.
Multiplication.	$\times$	. . . . multiplié par.
Division	$:$	. . . . divisé par,
Égalité.	$=$	. . . . égale.
Inégalité.	$>$	. . . . plus grand que.
	$<$	. . . . plus petit que.
Racines	$\sqrt{}$	. . . . radical.

L'expression $9(3 \times 4 \times 5)$ signifie que le produit $3 \times 4 \times 5$ placé entre parenthèses doit être, dans le raisonnement, remplacé par 60, qui égale $3 \times 4 \times 5$.

Si l'on a plusieurs opérations distinctes à effectuer, on place entre parenthèses les nombres sur lesquels elles portent. Ainsi, $(3 + 4 + 5) + (20 - 8)$ exprime que l'on doit ajouter la différence $(20 - 8)$ à la somme $(3 + 4 + 5)$.

L'expression $[(3 + 4 + 5) + (20 - 8)]4$ signifie que la différence $(20 - 8)$ doit être ajoutée à la somme $(3 + 4 + 5)$ et que le résultat doit être multiplié par 4.

Dans certains cas, lorsqu'on remplace un nombre par une somme équivalente, il convient de renfermer cette somme entre parenthèses. Par exemple, au lieu de 20×5, on écrira $(12 + 6 + 2)5$.

ARITHMÉTIQUE.

PREMIÈRE PARTIE.

LIVRE PREMIER.

LA NUMÉRATION ET LES QUATRE OPÉRATIONS
DE L'ARITHMÉTIQUE.

Définitions.

1. — Si l'on considère des objets de même nature, l'un d'eux, pris pour terme de comparaison, est appelé *unité*.

On entend par *nombre*, l'*unité* ou l'assemblage de plusieurs unités.

Les *nombres* ont reçu des noms différents.

L'*unité* est désignée par *un*.

Un est donc le nom d'un nombre et le premier de tous.

Les deux mots *unité, un*, sont quelquefois employés l'un pour l'autre : cependant ils ont des significations différentes. Nous le répétons, l'*unité* est l'objet considéré ; *un* est le nom qu'on lui donne.

Numération parlée.

2. — La *numération parlée* a pour but de donner des noms aux nombres, en n'employant pour cela qu'un petit nombre de mots combinés entre eux d'une manière convenable.

3. — Lorsqu'à l'*unité* nommée *un*, on ajoute une autre *unité* de même espèce, on a un nouveau *nombre*, nommé *deux ;* si au nombre nommé *deux*, on ajoute l'*unité*, on obtient le nombre appelé *trois*. En continuant ainsi, nous formons les nombres désignés, par *quatre*, *cinq*, *six*, *sept*, *huit*, *neuf*, *dix*.

Nous avons donc les noms des *dix* premiers *nombres*.

Dix est la *base* de notre système de numération.

On considère la collection de *dix unités* comme une nouvelle unité, évidemment différente de la première, que l'on appelle *dizaine ;* et l'on compte par *dizaines* comme par *unités*.

On dira donc :

une DIZAINE	ou	*dix*,
deux DIZAINES	ou	*vingt*,
trois DIZAINES	ou	*trente*,
quatre DIZAINES	ou	*quarante*,
cinq DIZAINES	ou	*cinquante*,
six DIZAINES	ou	*soixante*,
sept DIZAINES	ou	*septante*,
huit DIZAINES	ou	*octante*,
neuf DIZAINES	ou	*nonante*.

Remarque. Dans la langue usuelle, on remplace respectivement *septante, octante, nonante*, par les noms *soixante-dix, quatre-vingts, quatre-vingt-dix*.

En faisant suivre des noms attribués aux neuf premiers nombres, chacun des noms de nombres de *dizaines* que nous venons d'obtenir, nous aurons les *noms* des nombres *dix-un,. . . . ., quatre-vingt-dix-neuf*.

Remarque. On est dans l'usage de dire, *onze, douze, treize, quatorze, quinze, seize* au lieu de *dix-un, dix-deux, dix-trois, dix-quatre, dix-cinq, dix-six*.

Jusqu'ici, nous avons les noms des *quatre-vingt-dix-neuf* premiers nombres.

Si à *quatre-vingt-dix-neuf* nous ajoutons *un* nous avons *quatre-vingt-dix*, plus *dix*, car *neuf* plus *un* valent *dix;* nous trouvons donc, *neuf dizaines* plus *une dizaine*, ou bien *dix dizaines*, que l'on nomme *cent*.

On regarde la collection de *dix dizaines* comme une autre unité, appelée *centaine;* et comptant par *centaines* comme par *unités*, il vient une *centaine,. . . . ., neuf centaines*.

En faisant suivre chaque nombre de *centaines* des noms des *quatre-vingt-dix-neuf* premiers nombres, nous aurons *cent-un,. . . . ., neuf cent quatre-vingt-dix-neuf*.

Si à *neuf cent quatre-vingt-dix-neuf* nous ajoutons *un*, nous trouvons *neuf cent quatre-vingt-dix*, plus *dix;* nous avons donc *neuf centaines*, plus *neuf dizaines*, plus *une dizaine;* ou bien *neuf centaines*, plus *une centaine;* ou bien encore *dix centaines*, que l'on appelle *mille*.

On est convenu de considérer le *mille* comme une

nouvelle UNITÉ PRINCIPALE, et de compter par *unités*, *dizaines* et *centaines* de *mille*, ainsi qu'on l'a fait par *unités, dizaines* et *centaines* d'unités simples. Nous dirons donc *mille*,................, *neuf mille;* et faisant suivre chaque nombre de *mille* des noms des *neuf cent quatre-vingt-dix-neuf* premiers nombres, nous aurons *mille-un*,...................., *neuf mille neuf cent quatre-vingt-dix-neuf.* Les noms des *neuf mille neuf cent quatre-vingt-dix-neuf* premiers nombres sont ainsi connus.

Si à *neuf mille neuf cent quatre-vingt-dix-neuf,* nous ajoutons *un*, il vient : *neuf mille* plus *mille*, ou bien *dix mille.*

Les deux mots déjà connus *dix* et *mille* sont conservés et servent à former le nom de ce dernier nombre.

En continuant d'une manière analogue à celle que nous avons suffisamment indiquée, nous arriverons aux *centaines de mille*, et puis aux unités principales qui sont : le *million*, le *billion* ou *milliard*, le *trillion*, le *quatrillion*, etc.

Notre procédé consiste donc à considérer des collections d'unités de dix en dix fois plus grandes, qui donnent naissance à des ordres différents, dont voici le tableau :

Unités simples. . . . . premier ordre.
Dizaines. . . . . deuxième ordre.
Centaines . . . . troisième ordre.
. . . .

En outre, les différents ordres ont été groupés par *ordres ternaires*, ou *classes.* Ainsi, le *premier ordre*, le *deuxième ordre* et le *troisième ordre*, forment la *première classe.*

Le *quatrième ordre*, le *cinquième ordre*, le *sixième ordre*, constituent la *deuxième classe* : ainsi de suite.

Dans l'énonciation des nombres par *classes*, un mot nouveau est seul nécessaire pour désigner le *premier ordre* de chaque *classe;* on emploie les mots *dix*, *cent*, pour nommer les deux autres.

Nous remarquerons que les *unités principales*, en d'autres termes, les unités des *classes successives*, sont de *mille* en *mille* fois plus grandes.

Numération écrite.

4. — La *numération écrite* a pour but de représenter d'une manière simple et brève les noms des nombres au moyen de signes ou caractères particuliers, que l'on appelle *chiffres.*

A cet effet, on représente d'abord les neuf premiers nombres par neuf premiers chiffres, qui sont : ·

$$1, 2, 3, 4, 5, 6, 7, 8, 9.$$

Ensuite on établit cette convention fondamentale, que tout chiffre placé à la gauche d'un autre exprimera une collection d'unités dix fois plus grandes que celles du chiffre qui se trouve immédiatement à sa droite. Ainsi pour traduire le nombre *dix-sept*, formé de 7 unités simples, plus 1 dizaine, on écrit 17.

Enfin, pour rendre cette convention applicable dans tous les cas, on a recours à un dixième caractère, o, nommé *zéro*, qui ne représente aucune valeur par lui-même, mais qui sert à faire occuper aux autres chiffres le rang qui doit leur être assigné, en vertu de la convention fondamentale.

D'après cela, les nombres *une dizaine.* . . . ., *neuf dizaines*, sont représentés par 10. . . . . , 90.

En mettant les neuf premiers chiffres, à la place du o dans les nombres 10, ... 90, nous aurons :

$$11, ... 19$$
$$21, ... 29$$
$$. . . . .$$
$$91, ... 99$$

Nous savons donc écrire les *quatre-vingt-dix-neuf premiers* nombres.

Pour représenter *une centaine,* . . . . *neuf centaines*, nous emploierons encore les neuf premiers chiffres suivis de deux zéros, et nous aurons :

100, 200, 300, 400, 500, 600, 700, 800, 900.

Si nous écrivons successivement les *quatre-vingt-dix-neuf premiers* nombres, aux places occupées par les deux *zéros*, dans les nombres 100, ... 900, nous aurons :

$$101, ... 199$$
$$201, ... 299$$
$$. . . . .$$
$$901, ... 999$$

En suivant une marche analogue à celle que nous venons d'indiquer, nous parviendrons à écrire autant de nombres que nous voudrons.

Remarque. Lorsqu'un nombre est écrit, chaque chiffre a deux valeurs distinctes, une *absolue* et l'autre *relative;* la valeur *absolue* est celle qui lui est propre et qui lui a été assignée par convention, dans l'exposé de la *numération écrite;* la valeur *relative* est indiquée par le rang ou la place du chiffre dans le nombre considéré. On doit se rappeler que le premier chiffre à droite exprime des *unités*, le second des *dizaines*, le troisième des *centaines*, etc.

5. — Problèmes. — I. *Énoncer un nombre écrit en chiffres.*

1° Le nombre est inférieur à *mille*, et se compose de trois chiffres.

On énonce ce nombre en nommant successivement ses chiffres à partir de la gauche, et en faisant suivre l'énonciation de chacun, sauf celui des unités simples, du mot qui exprime l'unité de l'ordre correspondant à sa place.

2° Lorsque le nombre est supérieur à *mille*, on le partage en tranches de trois chiffres chacune, à partir de la droite; la dernière tranche pouvant ne contenir qu'un ou deux chiffres. On énonce ensuite successivement chaque tranche comme si elle était isolée, en commençant par la gauche; on fait suivre l'énonciation de chacune de ces tranches, sauf celle des unités, du mot qui exprime l'unité de l'ordre ternaire correspondant à cette tranche, en se rappelant que l'unité pour la seconde tranche est *mille*, pour la troisième *million*, pour la quatrième *billion*, pour la cinquième *trillion*, pour la sixième *quatrillion*, etc.

II. *Écrire un nombre dicté.*

Pour écrire un nombre à la dictée, on place successivement les chiffres qui expriment combien ce nombre contient de *centaines*, de *dizaines* et d'*unités* de chaque classe, au fur et à mesure qu'elles sont énoncées ; et l'on remplace par des zéros, les *centaines*, les *dizaines* et les *unités* qui peuvent manquer dans l'une des classes, ou dans plusieurs.

6. — Remarque. Lorsqu'on place un zéro à la droite d'un nombre, on obtient un autre nombre égal à dix fois le premier.

Comparons 23 à 230.

23 contient exactement 2 dizaines et 3 unités ;
230 se compose de 2 centaines et 3 dizaines.

Or 1 centaine vaut 10 fois 1 dizaine, et 2 centaines égalent 1 centaine plus 1 centaine : donc 2 centaines valent 10 fois 1 dizaine plus 10 fois 1 dizaine, ou bien 10 fois 2 dizaines.

Pareillement 3 dizaines égalent 10 fois 3 unités. Les deux parties constituant 230 étant respectivement égales à 10 fois les parties correspondantes de 23, 230 vaut 10 fois 23.

Si l'on place deux zéros à la droite d'un nombre, on obtient un autre nombre égal à 100 fois le premier, etc.

Addition.

7. — L'*addition* a pour but de trouver un nombre, appelé *somme*, qui se compose de toutes les unités contenues dans plusieurs nombres donnés.

Premier cas. Considérons deux nombres 8 et 3 *d'un seul chiffre* chacun.

Nous dirons : 8 plus 1... 9 ; 9 plus 1... 10 ; 10 plus 1... 11. Le nombre 11 exprime la somme demandée, car il renferme exactement toutes les unités qui se trouvent dans 8 et dans 3.

Nous venons d'examiner le *cas élémentaire* de l'addition ; l'habitude seule du calcul nons permettra de dire immédiatement : 8 plus 3... 11.

Deuxième cas. Soit proposé de faire la somme des nombres 238, 75 et 2491.

Le nombre qui contiendra exactement toutes les unités, toutes les dizaines, toutes les centaines et tous les mille qui composent les nombres donnés, doit évidemment égaler la somme demandée.

Les nombres proposés renferment respectivement :

2 centaines	3 dizaines	8 unités
7 »	5 »	
2 mille 4 »	9 »	1 »

Nous dirons successivement :

8 plus 1... 9 ; 9 plus 1... 10 ; 10 plus 1... 11 ; 11 plus 1... 12 ; 12 plus 1... 13 ; 13 est la somme des nombres 8 et 5 ; ajoutant le troisième nombre 1 à 13 nous trouvons 14 ; 14 représente la somme des nombres de la colonne des unités.

Pareillement 19 est la somme des nombres de la colonnes des dizaines,

6 est la somme des nombres de la colonne des centaines ; écrivons enfin 2 mille.

Le nombre demandé est 2 mille, 6 centaines, 19 dizaines, 14 unités.

La numération nous permet de donner à ce nombre
les deux formes suivantes :

2 mille, 6 centaines, 20 dizaines, 4 unités;

2 mille, 8 centaines, 0 dizaine, 4 unités.

Le nombre cherché est donc 2804, et le nom de ce
nombre est *deux mille huit cent quatre.*

8. — Dans la pratique on dispose ainsi les nombres :

238

75

2491

————

2804

Comme l'indique cet exemple, nous avons écrit les
nombres donnés de manière que les unités de même
ordre soient en colonne verticale, et nous avons tracé
un trait horizontal au-dessous du dernier nombre écrit.

La somme des nombres de la colonne des unités
est 14; nous avons écrit seulement 4 à la colonne des
unités, au-dessous du trait horizontal, et nous avons retenu la dizaine de 14 pour en faire *une* unité de la colonne
des dizaines.

La somme des nombres de la colonne des dizaines
est 19; 19 plus 1 donnent 20; écrivons 0 à la colonne
des dizaines, et retenons les 2 centaines, qui se trouvent
dans 20 dizaines, pour en faire 2 unités de la colonne
des centaines, ainsi de suite.

9. — Preuve. On peut faire la preuve de l'addition en
ajoutant les nombres de chaque colonne de bas en haut,

si l'on a opéré d'abord de haut en bas, ou bien en commençant les calculs par la gauche, ainsi que l'indique
l'exemple suivant :

Addition.	Preuve.
9878	9878
8234	8234
9052	9052
341	341
——	——
27505	26
	13
	19
	15
	——
	27405
	1
	——
	27505

La somme des nombres de la première colonne à
gauche est 26, que l'on écrit en mettant 6 à la colonne
des *mille* et 2 à la gauche de 6.

La somme des nombres de la deuxième colonne est 13.
On écrit 13 de manière que 3 corresponde à la deuxième
colonne ; quant à 1 on le place au-dessous de 6 dans le
but de préparer l'addition qui sera faite après, etc.

Soustraction.

10. — La *soustraction* a pour but, connaissant la
somme de deux nombres et l'un de ces nombres, de trouver l'autre nombre appelé *reste*, *excès* ou *différence*.

Premier cas. Considérons deux nombres 5 et 3 composés d'un seul chiffre chacun.

Nous dirons : 3 plus 1...4 ; 4 plus 1...5 ;

2 représente la différence des nombres 5 et 3, car 3 plus 2 égale 5.

Deuxième cas. Trouver la différence des nombres 8342 et 764.

Remplaçons 8342 par un nombre équivalent, et tel que les nombres exprimant ses unités, ses dizaines, ses centaines, soient plus petits que 20, sans être respectivement inférieurs aux chiffres 4, 6 et 7 qui constituent 764.

8342 se compose de :

8 mille 3 centaines 4 dizaines 2 unités; il est équivalent à

8 mille 3 centaines 3 dizaines 12 unités, ou à

8   »   2   »   13   »   12   »

Enfin ce dernier nombre peut être remplacé par :

7 mille 12 centaines 13 dizaines 12 unités.

Or, le nombre 764 contient :

7 centaines 6 dizaines 4 unités.

Retranchant les unités des unités, les dizaines des dizaines, comme nous savons le faire, d'après le premier cas, nous obtiendrons 7 mille 5 centaines 7 dizaines 8 unités, que l'on écrit 7578.

11. — Dans la pratique, on dispose les nombres de la manière suivante :

$$
\begin{array}{r}
8342 \\
764 \\
\hline
7578
\end{array}
$$

et l'on dit :

4 de 12..... 8, que l'on place au-dessous de 4.

6 de 13..... 7, que l'on place au-dessous de 6.

7 de 12..... 5, que l'on place au-dessous de 7.

Enfin on écrit 7.

Les décompositions qui précèdent expliquent et justifient les opérations que nous venons de faire.

12.— Preuve. Pour faire la preuve de la soustraction, on ajoute le plus petit nombre donné au reste trouvé ; la somme doit égaler le grand nombre.

13.— *Autre exemple.* Trouver la différence des nombres 3000 et 346.

Opérant comme nous venons de l'indiquer dans l'exemple précédent, nous aurons successivement :

3 mille	o centaines	o dizaines	o unités.
2 » 10 »	0 »	0 »	
2 » 9 »	10 »	0 »	
2 » 9 »	9 »	10 »	
3 »	4 »	6 »	

2 mille 6 centaines 5 dizaines 4 unités.

Et dans la pratique :

$$\begin{array}{r} 3000 \\ 346 \\ \hline 2654 \end{array}$$

14.— Remarque. La différence de deux nombres est évidemment égale à la différence de ces mêmes nombres respectivement augmentés ou diminués d'un même nombre.

Par exemple : la différence entre (3 + 5) et (2 + 5)

est la même que la différence des nombres 3 et 2 ; car, pour diminuer le nombre $(3+5)$ de la valeur de la somme $(2+5)$, il suffit de diminuer $(3+5)$ de chacune des parties 5 et 2 du nombre $(2+5)$; or $(3+5)$, diminué de la partie 5, donne pour reste 3 ; la différence demandée est donc égale à 3 moins 2.

A l'aide de cette remarque, on peut rendre possibles les soustractions partielles dans lesquelles un chiffre du nombre inférieur est plus grand que le chiffre du même ordre dans le nombre supérieur : à cet effet, on augmente le chiffre supérieur de 10 unités, et l'on retranche de la somme le chiffre inférieur ; on a ensuite le soin, en continuant les opérations, d'augmenter d'une unité le chiffre suivant, à gauche, du nombre inférieur.

Multiplication.

15. — La *multiplication* d'un nombre par un autre a pour but de trouver un troisième nombre, nommé *produit*, qui se compose d'autant de fois le premier qu'il y a d'unités dans le second.

Le premier nombre donné est appelé *multiplicande*, et le second *multiplicateur*.

Le *multiplicande* et le *multiplicateur* sont conjointement les *facteurs* du produit.

16. — Avant d'indiquer les moyens de faire la multiplication, établissons trois principes.

1° *Multiplier une somme par un nombre revient à multiplier séparément chaque partie de la somme par ce nombre, et à faire l'addition des produits obtenus.*

Soit à multiplier la somme $(6+4+5)$ par 3.

Le multiplicateur 5 égalant trois fois 1, le produit demandé doit se composer de trois fois le multiplicande $(6+4+5)$.

Le tableau suivant

$$6+4+5$$
$$6+4+5$$
$$6+4+5$$

fait voir que le produit demandé se compose, par voie d'addition, de trois fois 6, de trois fois 4 et de trois fois 5 ; donc

$$(6+4+5)\,3 = 6\times3+4\times3+5\times3.$$

2° *Pour multiplier un nombre par une somme, on peut multiplier séparément le nombre par chaque partie de la somme, et faire ensuite l'addition des produits obtenus.*

Soit à multiplier 3 par $(6+4+5)$.

Le multiplicateur $(6+4+5)$ se composant par voie d'addition de six fois 1, de quatre fois 1 et de cinq fois 1, le produit demandé se composera, par addition, de six fois 3, de quatre fois 3 et de cinq fois 3.

Donc

$$3\,(6+4+5) = 3\times6+3\times4+3\times5.$$

3° *Multiplier un nombre par un produit de deux facteurs, revient à multiplier ce nombre par le premier facteur du produit donné, et à multiplier par le second facteur ce premier produit obtenu.*

Soit à multiplier 19 par 20, ce nombre 20 est égal au produit 2×10.

Nous avons à démontrer qu'on trouvera un nombre égal au produit de 19 par 20, en multipliant 19 par 2 et le produit obtenu par 10.

Écrivons horizontalement vingt nombres égaux à 19.

$$19,19, \mid 19,19, \mid 19,19, \mid 19,19, \mid 19,19, \mid$$
$$19,19, \mid 19,19, \mid 19,19, \mid 19,19, \mid 19,19.$$

D'après la définition de la multiplication, la somme de tous ces nombres doit déterminer le nombre égal au produit de 19 par 20; or, si nous plaçons des traits entre ces nombres, de manière à les séparer en dix groupes identiques, la somme des nombres qui constituent les dix groupes exprimera évidemment le produit par 10 du nombre 19×2, car 19×2 égale $19 + 19$, addition des deux nombres qui forment l'un quelconque de ces groupes. Cela posé, la somme des vingt nombres égaux à 19 est essentiellement la même que la somme des nombres qui forment les dix groupes; en effet, d'après leur composition, ces deux sommes contiennent le même nombre de fois 19; donc

$$19 \times 20 = 19 \times 2 \times 10.$$

Même question. Le deuxième principe autorise également à écrire :

$$19 \times 20 = 19 \times 2 \times 10.$$
car

$$19 \times 20 = 19 \, (2+2+2+2+2+2+2+2+2+2)$$
$$= 19 \times 2 + 19 \times 2 + 19 \times 2 + 19 \times 2 + 19 \times 2 + 19 \times 2$$
$$+ 19 \times 2 + 19 \times 2 + 19 \times 2 + 19 \times 2 = 19 \times 2 \times 10.$$

17. — MULTIPLICATION D'UN NOMBRE PAR UN AUTRE. — *Premier cas.* Considérons deux nombres d'un seul chiffre, et soit à multiplier 8 par 4.

D'après la définition, on aura le produit demandé en

faisant la somme de quatre nombres égaux à 8. On évite
l'addition au moyen de la table suivante, attribuée à
Pythagore :

1	2	3	4	5	6	7	8	9
2	4	6	8	10	12	14	16	18
3	6	9	12	15	18	21	24	27
4	8	12	16	20	24	28	32	36
5	10	15	20	25	30	35	40	45
6	12	18	24	30	36	42	48	54
7	14	21	28	35	42	49	56	63
8	16	24	32	40	48	56	64	72
9	18	27	36	45	54	63	72	81

Dans ce tableau, les neuf chiffres forment la première
colonne horizontale ; on ajoute chacun d'eux à lui-même,
et l'on a les nombres de la deuxième ; chacun de ces
nombres représente donc le produit par 2 du nombre
correspondant dans la première. A tout nombre de cette
deuxième colonne, ajoutons le nombre qui lui correspond dans la première, et nous aurons les nombres de la
troisième colonne : ainsi de suite.

Pour trouver le produit de deux nombres d'un seul
chiffre, on prend dans la première colonne horizontale
le nombre égal au multiplicande donné ; ensuite on par-
court, en descendant, la colonne verticale correspon-

dante jusqu'à ce qu'on arrive à la colonne horizontale dont le premier chiffre à gauche égale le multiplicateur donné : le nombre auquel on s'arrête exprime le produit demandé.

Deuxième cas. Proposons-nous de multiplier 234 par 367.

Le multiplicateur égalant 300 unités plus 60 unités plus 7 unités, le produit doit se composer aussi, par addition, de trois cents fois le multiplicande, de soixante fois le multiplicande et de sept fois le multiplicande ; nous avons donc à effectuer trois multiplications distinctes et à faire la somme des produits obtenus.

1° Multiplions 234 par 7.

Le multiplicande égalant, par addition, 2 centaines, 3 dizaines, 4 unités, et le multiplicateur étant 7, le produit se composera par addition de sept fois 4 unités, de sept fois 3 dizaines et de sept fois 2 centaines : c'est-à-dire, de 28 unités, de 21 dizaines et de 14 centaines, ou bien de 1638 unités.

2° Pour avoir le produit de 234 par 60, nous pouvons multiplier 234 par 6 et le produit trouvé par 10 ; or, le produit de 234 par 6 est 1404, et le produit de 1404 par 10 est 14040 : donc 14040 est le produit de 234 par 60.

3° En décomposant d'une manière analogue le multiplicateur 300, nous trouverons le produit de 234 par 300, qui est 70200.

Il suffit maintenant de faire la somme des trois produits partiels

$$1638, \qquad 14040, \qquad 70200$$

que nous venons d'obtenir : le nombre cherché est donc
85878.

18. — D'après le raisonnement qui précède, pour
multiplier un nombre par un autre, on écrit le multiplicateur au-dessous du multiplicande, de manière que
les unités du même ordre soient en colonne verticale, et
l'on souligne. On multiplie successivement le multiplicande par chaque chiffre du multiplicateur, et l'on écrit
les différents produits partiels les uns au-dessous des
autres, de manière que le chiffre à droite de chacun d'eux
exprime l'ordre d'unités du chiffre multiplicateur ; la
somme des produits partiels ainsi placés est le nombre
demandé.

Disposition des nombres dans la pratique.

$$
\begin{array}{r}
234 \\
367 \\
\hline
1638 \\
1404 \\
702 \\
\hline
85878
\end{array}
$$

REMARQUE. Les différents produits d'un nombre par 1,
2, 3, 4, 5, 6, etc., sont appelés *multiples* de ce nombre.

19. — PREUVE. Nous pouvons faire la preuve de la multiplication en multipliant le multiplicateur par le multiplicande ; le produit que l'on trouve doit être égal au
produit déjà obtenu, ainsi que le démontre le premier
des théorèmes suivants :

20. — **I.** *Lorsque dans un produit de deux facteurs, on intervertit l'ordre des facteurs, on obtient un nouveau produit égal au premier.*

Ainsi :
$$3 \times 4 = 4 \times 3.$$
En effet,
$$3 = 1 + 1 + 1.$$
Donc la somme des nombres du tableau suivant

$$
\begin{array}{ccc}
1 & 1 & 1 \\
1 & 1 & 1 \\
1 & 1 & 1 \\
1 & 1 & 1
\end{array}
$$

est égale à 3×4.

En outre, la somme des nombres de l'une des *trois* colonnes verticales est $1 + 1 + 1 + 1 = 4$; donc la somme des nombres du même tableau est égale à 4×3.

Par conséquent, $3 \times 4 = 4 \times 3$, ce qui était à démontrer.

21. — **II.** *Si, dans un produit de trois facteurs, on intervertit l'ordre des deux derniers, on obtient un autre produit égal au premier.*

Ainsi,
$$3 \times 4 \times 5 = 3 \times 5 \times 4.$$
En effet,
$$3 \times 4 = 3 + 3 + 3 + 3,$$
donc $3 \times 4 \times 5$ égale la somme des nombres du tableau suivant :

$$
\begin{array}{cccc}
3 & 3 & 3 & 3 \\
3 & 3 & 3 & 3 \\
3 & 3 & 3 & 3 \\
3 & 3 & 3 & 3 \\
3 & 3 & 3 & 3
\end{array}
$$

En outre., la somme des nombres de l'une des *quatre* colonnes verticales est $3+3+3+3+3=3\times5$; donc la somme des nombres du tableau égale encore $3\times5\times4$; par conséquent, $3\times4\times5=3\times5\times4$.

22. — III. *Si dans un produit d'autant de facteurs que l'on voudra, l'on intervertit l'ordre de deux facteurs consécutifs, on obtient un nouveau produit égal au premier.*

Ainsi,

$$2\times3\times9\times12\times7\times8=2\times3\times12\times9\times7\times8.$$

En effet, remplaçons 2×3 par 6, les produits précédents deviennent :

$$6\times\ 9\times12\times7\times8,$$
$$6\times12\times\ 9\times7\times8.$$

Or, par démonstration :

$$6\times9\times12=6\times12\times9;$$

donc, évidemment

$$6\times9\times12\times7=6\times12\times9\times7$$

et

$$6\times9\times12\times7\times8=6\times12\times9\times7\times8.$$

Remplaçons 6 par 2×3, ce que l'on a le droit de faire, il vient enfin :

$$2\times3\times9\times12\times7\times8=2\times3\times12\times9\times7\times8.$$

23.—IV. *Si dans un produit d'autant de facteurs que l'on voudra, on change le rang de l'un des facteurs, il en résulte un nouveau produit égal au premier.*

Ainsi dans un produit de *six* facteurs, le *deuxième*, par exemple, peut passer au *cinquième* rang ; car ce facteur peut occuper successivement le *troisième*, le *quatrième* et le *cinquième* rang, d'après le principe qui précède.

24. —V. *Multiplier un nombre par un produit, revient à multiplier ce nombre par le premier facteur, le produit obtenu par le deuxième facteur du produit donné, et ainsi de suite, jusqu'à l'entier épuisement de tous les facteurs du produit donné.*

Soit à multiplier 2 par 60 :

$$60 = 3 \times 4 \times 5.$$

Je dis que :

$$2 \times 60 = 2 \times 3 \times 4 \times 5.$$

En effet,

$$2 \times 60 = 60 \times 2 ;$$

mais 60×2 égale évidemment $3 \times 4 \times 5 \times 2$.

Or, par démonstration

$$3 \times 4 \times 5 \times 2 = 2 \times 3 \times 4 \times 5 ;$$

donc

$$2 \times 60 = 2 \times 3 \times 4 \times 5.$$

25. — VI. *Lorsqu'on multiplie l'un des facteurs d'un produit par un nombre, 100, par exemple, on obtient un produit égal à 100 fois le premier.*

Soit $2 \times 3 \times 4 \times 5$. Multiplions 3 par 100, le produit $2 \times 300 \times 4 \times 5$ doit égaler 100 fois le premier. En effet,

$$2 \times 300 \times 4 \times 5 = 2 \times 4 \times 5 \times 300.$$

Or

$$2 \times 4 \times 5 \times 300 = 2 \times 4 \times 5 \times 3 \times 100$$

et

$$2 \times 4 \times 5 \times 3 \times 100 = (2 \times 4 \times 5 \times 3) \times 100.$$

Ce que nous avions à reconnaître.

26.—*Multiplication de nombres terminés par des zéros.*
Soit à multiplier 84000 par 7600.

Nous pouvons multiplier 84000 par 76, et le produit
par 100. Or le produit de 84000 par 76 est évidemment
terminé par trois zéros : le produit total sera donc terminé par cinq zéros, c'est-à-dire par autant de zéros qu'il
y en a à la droite des deux facteurs.

Généralement, on fera la multiplication abstraction
faite des zéros, et l'on placera à la droite du produit
autant de zéros qu'il y en a dans les deux facteurs
réunis.

PUISSANCES.

27. — On appelle *puissance d'un nombre*, un produit
dont tous les facteurs sont égaux à ce nombre.

Ainsi, $8 \times 8 \times 8 \times 8$ est une puissance de 8.

Il a été convenu d'écrire 8^4 au lieu de $8 \times 8 \times 8 \times 8$;
le nombre 4 est nommé *exposant.*

L'*exposant* 4, placé à la droite de 8 et un peu au-dessus,
détermine le nombre de facteurs égaux qui entrent dans
la composition de la puissance proposée.

Pour distinguer les unes des autres les diverses puissances d'un même nombre, on est convenu d'appeler
puissance DEUXIÈME, le produit de 2 facteurs égaux,
puissance TROISIÈME, le produit de 3 facteurs égaux,
et ainsi de suite.

La *puissance* PREMIÈRE d'un nombre est ce nombre lui-
même.

Le nombre 2 est la *première puissance* de 2 ; le nombre
$16 = 2^4$ est la *quatrième puissance* de 2.

28. — *Pour avoir le produit de plusieurs puissances d'un même nombre, il suffit d'écrire ce nombre avec un exposant égal à la somme des exposants qui se trouvent dans les facteurs.*

Ainsi,

$$24^3 \times 24^4 = 24^{3+4} = 24^7;$$

car

$$24^3 = 24 \times 24 \times 24$$

et

$$24^4 = 24 \times 24 \times 24 \times 24;$$

donc,

$$24^3 \times 24^4 = 24 \times 24 \times 24 \times 24 \times 24 \times 24 \times 24.$$

ou enfin

$$24^3 \times 24^4 = 24^7.$$

29. — *On peut avoir la puissance d'un produit en élevant chaque facteur à cette puissance, et en multipliant ces puissances entre elles.*

Ainsi

$$(2 \times 4 \times 5)^3 = 2^3 \times 4^3 \times 5^3,$$

car

$$(2 \times 4 \times 5)^3 = (2 \times 4 \times 5)(2 \times 4 \times 5)(2 \times 4 \times 5) =$$
$$2 \times 4 \times 5 \times 2 \times 4 \times 5 \times 2 \times 4 \times 5 =$$
$$2 \times 2 \times 2 \times 4 \times 4 \times 4 \times 5 \times 5 \times 5 = 2^3 \times 4^3 \times 5^3.$$

Ce que nous avions à démontrer.

30. — *Limites du nombre des chiffres d'un produit de deux facteurs.*

Le multiplicande a 5 chiffres et le multiplicateur en a 3.

Le multiplicande est supérieur à 10^4 et le multiplicateur à 10^2.

Donc le produit est plus grand que 10^6; il a donc au moins *sept* chiffres.

D'un autre côté le multiplicande est inférieur à 10^5 et le multiplicateur à 10^3. Le produit est donc inférieur à 10^8; il n'a donc pas plus de *huit* chiffres.

Division.

31. — Nous allons donner trois définitions, et reconnaître ensuite qu'elles ne sont au fond qu'une seule et même chose.

1° La *division* a pour but, étant donnés deux nombres appelés le premier *dividende*, le second *diviseur*, de trouver un troisième nombre nommé *quotient*, qui multipliant le diviseur donne un produit égal au dividende.

2° La *division* a pour but de partager un nombre appelé *dividende* en autant de parties égales qu'il y a d'unités dans un autre, nommé *diviseur*.

3° La *division* a pour but de chercher combien de fois un nombre appelé *dividende* en contient un autre nommé *diviseur*.

32. — Dans les trois définitions précédentes, supposons que le dividende soit 20 et le diviseur 5.

1° La table de multiplication nous apprend que $5 \times 4 = 20$; donc 4 est le nombre qui, multipliant 5, donne un produit égal à 20; par conséquent 4 est le quotient cherché, si l'on s'en réfère à la première définition.

2° S'il s'agit de partager 20 en 5 parties égales, il est clair que 20 est égal à la somme de 5 parties égales au quotient cherché. En d'autres termes, le produit de la

cinquième partie de 20, multiplié par 5, doit égaler 20;
donc, le nombre à partager peut être considéré comme
un produit de 2 facteurs, dont l'un est inconnu et dont
l'autre est un nombre donné 5.

Ainsi, cette deuxième question donne le même résultat
que la précédente; et, par conséquent, la deuxième définition rentre dans la première.

3° Quant à la troisième définition, nous venons de reconnaître dans la première question que le dividende 20
égale le diviseur 5 multiplié par le quotient cherché; par
conséquent, 20 contient 5 autant de fois qu'il y a d'unités
dans ce quotient inconnu; ce même quotient indique
donc combien de fois 5 est renfermé dans 20.

Donc aussi la troisième définition rentre dans la première.

Cela posé, dans ce qui va suivre, nous adopterons la
première définition.

33. — Le problème proposé n'est pas toujours possible;
par exemple, il n'existe point de nombre entier qui, multipliant 5, donne un produit égal à 23.

Dans ce cas, on recherche une valeur approchée du
quotient. Cette valeur approchée consistera dans la
partie entière du quotient, c'est-à-dire dans le plus
grand nombre entier renfermé dans ce quotient.

Nous dirons alors que nous cherchons le quotient, *à
moins d'une unité près*, *par défaut*.

Le quotient d'une division *à moins d'une unité près*,
par défaut, est donc le plus grand nombre entier qui,
multipliant le diviseur, donne un produit contenu dans le
dividende.

Le quotient d'une division à moins d'une unité près, par défaut, augmenté d'une unité, fournit le quotient de la même division, *à moins d'une unité près, par excès.*

Généralement, dans une division proposée, nous aurons à trouver le plus grand nombre entier qui, multipliant le diviseur, donne un produit contenu dans le dividende.

Au reste, si le dividende est un multiple du diviseur, le plus grand nombre qui, multipliant le diviseur, donne un produit contenu dans le dividende, sera identique au nombre qui, multipliant le diviseur, donne un produit égal au dividende.

34. — On appelle *reste* d'une division l'excès du dividende sur le plus grand multiple du diviseur contenu dans le dividende.

35. — Pour faire mieux comprendre la théorie de la division, multiplions 3628 par 436 et ajoutons au produit un nombre 2353 inférieur à 3628.

$$
\begin{array}{r}
3628 \\
436 \\
\hline
21768 \\
10884 \\
14512 \\
\hline
1581808 \\
2353 \\
\hline
1584161
\end{array}
$$

Soit à diviser 1584161 par 3628.

Séparons par un point, à partir de la gauche du dividende, le nombre 15841, qui contient le diviseur 3628 et qui est inférieur à dix fois ce même diviseur, car

36280 surpasse 15841. Cela posé, 15841 représentant le nombre total des centaines du dividende donné, l'ordre des plus hautes unités du quotient exprime des centaines, car 3628×100 et 3628×1000 comprennent 1584161.

Le quotient a donc des *centaines*, des *dizaines* et des *unités*.

Le plus grand nombre qui, multipliant 3628, donne un produit contenu dans 15841, doit être le chiffre des centaines du quotient demandé ; en effet, nommons 4 le plus grand nombre qui, multipliant 3628, donne un produit contenu dans 15841 ; alors, 3628×400 est aussi renfermé dans 1584100 et *à fortiori* dans 1584161.

D'un autre côté, cinq fois le diviseur surpassant par hypothèse 15841, le produit 3628×5 est au moins égal à 15842 ; donc 3628×500 est au moins égal à 1584200, par conséquent 3628×500 surpasse 1584161.

Le quotient étant égal au moins à 400 et inférieur à 500, contient 4 centaines.

D'après ce qui précède, nous aurons le chiffre des centaines du quotient en trouvant le plus grand nombre qui, multipliant 3628, donne un produit contenu dans 15841.

Le dividende partiel 15841 renfermant le produit de 3628 par le chiffre des centaines du quotient plus un reste correspondant, le produit des 3 mille du diviseur par le chiffre cherché est renfermé dans les 15 mille de 15841 ; on aura donc le premier chiffre à gauche du quotient, ou un chiffre supérieur, en divisant 15 par 3 ; la table de multiplication apprend que ce quotient est 5, car $3 \times 5 = 15$. Mais le produit 3628×5 est supérieur à 15841 : donc 5 est trop fort ; essayons 4 : le produit

3628×4 étant contenu dans 15841, le quotient a 4 centaines.

1584161 étant égal à la somme des produits partiels du diviseur par les différents chiffres du quotient, augmentée du reste de l'opération, l'excès de 1584161 sur le produit du diviseur par les centaines du quotient, doit être la somme des deux autres produits, augmentée du reste; retranchons donc 3628×400 de 1584161.

$$
\begin{array}{r}
1584161 \\
1451200 \\
\hline
132961
\end{array}
$$

La différence 132961 représente alors la somme des produits du diviseur par les deux autres chiffres du quotient, plus le reste : nous trouverons successivement le chiffre des dizaines et celui des unités, en raisonnant comme nous venons de le faire, pour obtenir le chiffre des centaines.

On dispose ainsi les calculs indiqués par le raisonnement précédent :

1584ı.6 ı	3628
14512 0 0	400
1329 6.ı	3o
1088 4 o	6
241 2 1	436
217 6 8	
23 5 3	

36. — *Pratique.*

15841.6ı	3628
1329 6	436
241 21	
23 53	

Cette pratique doit être bien comprise. Après avoir trouvé 4, au lieu de placer le produit de 3628 par 4 au-dessous de 15841 pour l'en retrancher ensuite, on dit :

4 fois 8... 32 ; 32 de 41... 9.
4 fois 2... 8 et 4... 12 ; 12 de 14... 2.
4 fois 6... 24 et 1... 25 ; 25 de 28... 3.
4 fois 3... 12 et 2... 14 ; 14 de 15... 1.

Expliquons en partie ces calculs.

4 fois 8...32 : nous ne pouvons retrancher 32 de 1 ; ajoutons à 1, 40 unités ou 4 dizaines et ôtons 32 de 41, il reste 9 que nous écrivons au-dessous de 1.

4 fois 2...8 et 4...12 ; en disant 8 et 4...12 nous ajoutons 4 dizaines à 8 dizaines ; nous avons donc ajouté 4 dizaines au nombre supérieur et 4 dizaines au nombre à soustraire. Continuant d'une manière analogue, on trouvera finalement la différence cherchée, 1329.

A côté de 9 écrivons 6, chiffre suivant du dividende ; le quotient de la division de 13296 par 3628 étant 3, nous trouverons ensuite le reste 2412 au moyen d'un calcul pareil à celui qui précède : ainsi de suite.

37. — REMARQUE. Dans la théorie de la division, nous avons eu à diviser 15841 par 3628 et nous avons dit : le produit de 3628 par 5 étant supérieur à 15841, le chiffre 5 est trop fort ; dans la pratique on se dispensera de faire le produit, en opérant comme nous allons l'indiquer.

5 fois 3...15 ; 15 de 15...0 ; 5 fois 6...30 ; 30 de 8, la soustraction est impossible ; donc 5 est trop fort.

Prenons 4.

4 fois 3...12 ; 12 de 15 reste 3 qui, combiné avec 8,

donne 38 : 4 fois 6...24; 24 de 38 reste 14, nombre supérieur à 4. Le chiffre 4 représente alors les centaines du quotient, en effet, 28 est inférieur à 100; donc le produit de 28 par 4 est moindre que 400. Or il nous reste dans le dividende 1441, nombre supérieur à 400; le dividende renferme donc 4 fois le diviseur.

Généralement, lorsque nous parviendrons à une soustraction dans laquelle la différence sera supérieure ou simplement égale au chiffre multiplicateur, nous aurons à suspendre nos calculs immédiatement; car le chiffre essayé sera bon.

38. — Lorsque le diviseur ne surpasse point 12, on opère toujours comme nous allons l'indiquer.

Soit à diviser 76923792873105 7 par 8.

On dit : le huitième de 76 est 9 pour 72, et reste 4; le huitième de 49 est 6 pour 48, et reste 1 ; le huitième de 12 est 1 pour 8 et reste 4; etc.

On dispose ainsi les calculs :

Dividende   7 6 9 2 3 7 9 2 8 7 3 1 0 5 7
Quotient   9 6 1 5 4 7 4 1 0 9 1 3 8 2   Reste 1.

39. — PREUVE. On fait la preuve de la division en ajoutant le reste au produit du diviseur par le quotient : la somme doit égaler le dividende.

THÉORÈMES RELATIFS A LA DIVISION.

40. — I. *Lorsqu'une division a un reste nul, si l'on multiplie le dividende et le diviseur par un même nombre, le quotient de la seconde division est égal au premier.*

Ainsi 120 divisé par 10 donne 12 au quotient.

3

Il vient :
$$120 = 12 \times 10,$$
d'où
$$120 \times 15 = 12 \times 10 \times 15 = 12 \times 15 \times 10;$$
enfin
$$120 \times 15 = (12 \times 15)\, 10.$$

Cette dernière égalité prouve que 10 est encore le quotient de la division de 120×15 par 12×15.

41. — II. *Si une division a un reste autre que zéro et si, après avoir multiplié le dividende et le diviseur par un même nombre, on divise le premier produit par le second, le quotient de la nouvelle division est égal à celui de la première, mais le reste est égal au produit du reste de la première division, par le multiplicateur.*

Ainsi, 128 divisé par 12 a pour quotient 10, et 8 pour reste.

(128×3) divisé par (12×3), aura le même quotient 10 et 8×3 pour reste.

Car
$$128 = 12 \times 10 + 8;$$
donc
$$128 \times 3 = 12 \times 10 \times 3 + 8 \times 3,$$
ou bien,
$$128 \times 3 = (12 \times 3)\, 10 + 8 \times 3.$$

La dernière égalité prouve que 128×3 contient 10 fois 12×3 et pas une fois de plus; car 8 étant le reste d'une division dont le diviseur est 12, le produit 8×3 est moindre que 12×3, 10 est donc le plus grand nombre qui, multipliant 12×3, donne un produit contenu dans 128×3; en d'autres termes, 10 est le quotient de la division de 128×3 par 12×3, le reste est 8×3; car 8×3 représente l'excès de 128×3 sur $(12 \times 3)10$.

42. — III. *Pour trouver le quotient entier de la division d'un nombre par un produit, on peut diviser le dividende par le premier facteur du diviseur, le quotient par le deuxième facteur, ce nouveau quotient par le troisième, ainsi de suite.*

$$16692480 = 8 \times 2086560$$
$$2086560 = 23 \times 90720$$
$$90720 = 32 \times 2835$$
$$2835 = 45 \times 63$$

Les égalités précédentes donnent :

$$16692480 = 8 \times 2086560$$
$$= 8 \times 23 \times 90720 = 8 \times 23 \times 32 \times 2835$$
$$= 8 \times 23 \times 32 \times 45 \times 63 = (8 \times 23 \times 32 \times 45)63$$

Ainsi nous avons l'égalité,

$$16692480 = (8 \times 23 \times 32 \times 45)63 ;$$

63 est donc le quotient de la division de 16692480 par $(8 \times 23 \times 32 \times 45)$.

Mais les quatre premières égalités prouvent que 63 a été obtenu en divisant :

D'abord, 16692480 par 8 ;

Ensuite, 2086560 par 23 ;

Puis, 90720 par 32 ;

Enfin 2835 par 45 ;

Donc, etc.

43. — *Trouver le quotient de la division de deux puissances d'un même nombre.*

On a le quotient, en écrivant le nombre donné avec un exposant égal à la différence des exposants qui sont dans le dividende et dans le diviseur.

Ainsi 7^9 divisé par 7^4 a pour quotient 7^5, car

$$7^4 \times 7^5 = 7^{4+5} = 7^9 .$$

LIVRE DEUXIÈME.

DIVISIBILITÉ.

Définitions.

44. — Un nombre est *divisible* par un autre, lorsqu'il le contient exactement un certain nombre de fois.

Un nombre est *diviseur* d'un autre, lorsqu'il est contenu dans cet autre nombre un certain nombre de fois exactement.

REMARQUE. Les mots *diviseur*, *sous-multiple*, *partie aliquote*, sont synonymes.

45. — On appelle nombre *premier* celui qui n'est divisible que par lui-même et par le nombre *un*.

REMARQUE. Tout nombre admet toujours au moins deux diviseurs, qui sont ce nombre lui-même et *un;* ces deux diviseurs particuliers sont appelés les *diviseurs naturels* du nombre considéré.

46. — On appelle nombre *composé* celui qui n'est point *premier.*

47. — Deux nombres sont *premiers entre eux*, lorsqu'ils n'ont pour diviseur commun que le nombre *un.*

REMARQUE. Deux nombres *premiers* sont toujours *premiers entre eux*, mais deux nombres *premiers entre eux* ne sont pas toujours *premiers.*

Théorèmes et problèmes relatifs
à la divisibilité.

48. — THÉORÈMES. — I. *Tout nombre qui divise séparément toutes les parties d'une somme, divise aussi la somme.*

Les nombres 24 et 16 étant divisibles par 4, nous aurons :

$$24 = 4+4+4+4+4+4,$$

et

$$16 = 4+4+4+4;$$

par conséquent :

$$24 + 16 = 4+4+4+4+4+4+4+4+4+4.$$

La somme 40 contient donc 4 un certain nombre de fois exactement, elle est donc divisible par 4.

Corollaire. Tout diviseur d'un nombre divise les multiples de ce nombre.

49. — II. *Lorsqu'un nombre divise les deux parties d'une différence, il divise la différence elle-même.*

$$40 = 4+4+4+4+4+4+4+4+4+4,$$
$$24 = 4+4+4+4+4+4;$$

donc

$$40 - 24 = 16 = 4+4+4+4;$$

par conséquent la différence 16 est divisible par 4.

50. — III. *Lorsqu'un nombre divise une somme composée de deux parties et l'une de ces parties, il divise l'autre.*

La deuxième partie est égale, en effet, à la différence entre la somme et la première partie.

51. — IV. *Lorsque la première partie d'une somme composée de deux parties, admet un certain diviseur, le*

reste de la division de la deuxième partie de la somme par ce diviseur égale toujours le reste de la division de la somme elle-même par ce même diviseur.

$$20 = 4 \times 5$$
$$11 = 4 \times 2 + 3;$$

donc

$$20 + 11 = 31 = 4 \times 5 + 4 \times 2 + 3,$$

ou bien

$$31 = 4 \times 7 + 3.$$

Cette dernière égalité prouve que 7 représente le plus grand nombre qui, multipliant 4, donne un produit contenu dans 31 ; elle démontre en outre que 3 exprime le reste de la division de 31 par 4 ; car, nous le répétons, le reste de la division d'un nombre par un autre est l'excès du dividende sur le plus grand multiple du diviseur contenu dans le dividende : or 3 est le reste de la division par 4 de 11 ; le nombre 3 est aussi le reste de la division par 4 de 31 ; donc ces deux restes sont identiques, ce que nous avions à reconnaître.

52. — PROBLÈMES. I. *Trouver, sans faire la division, le reste de la division d'un nombre donné par* 10, 10^2, 10^3,.... 10^n.

Tout nombre supérieur à 10 égale la somme de deux parties, dont la première est exprimée par le chiffre des unités et la seconde est formée de toutes les dizaines du nombre considéré ; le chiffre des unités, toujours inférieur au diviseur 10, égale donc le reste de la division par 10 du nombre proposé.

De même, le reste de la division par 10^2 d'un nombre donné, est égal au nombre que l'on obtient en ajoutant au chiffre des unités le chiffre des dizaines pris en valeur absolue et en valeur relative.

Généralement, le reste de la division par 10^n d'un nombre quelconque est égal à la tranche formée des n premiers chiffres de ce nombre, en partant du chiffre des unités.

II. *Trouver, sans faire la division, le reste de la division d'un nombre par*

$$2 \text{ et } 5; \quad 2^2 \text{ et } 5^2; \quad 2^3 \text{ et } 5^3; \ldots\ldots\ldots 2^n \text{ et } 5^n.$$

Formons *à priori* le tableau suivant :

$$10 = 2 \times 5$$
$$10^2 = 100 = 10 \times 10 = 2 \times 5 \times 2 \times 5 = 2^2 \times 5^2$$
$$10^3 = 1000 = 10 \times 10 \times 10 = 2 \times 5 \times 2 \times 5 \times 2 \times 5 = 2^3 \times 5^3.$$
$$\cdots\cdots\cdots\cdots\cdots\cdots\cdots\cdots\cdots\cdots\cdots$$
$$10^n = 10 \times 10 \times 10 \times \ldots\ldots \times 10 = 2^n \times 5^n.$$

Cela posé :

Un nombre supérieur à 10 est égal à la somme de deux nombres, le premier représentant ses dizaines et le second ses unités. Le premier de ces deux nombres étant terminé par un zéro est un multiple de 2 et de 5; le reste de la division par 2 ou par 5 du chiffre des unités est donc identique au reste de la division par 2 ou par 5 du nombre donné.

Pareillement, le reste de la division par 2^2 ou par 5^2 d'un nombre quelconque, égale le reste de la division par 2^2 ou par 5^2 de la tranche formée des deux premiers chiffres de ce nombre en partant du chiffre des unités.

Généralement, le reste de la division par 2^n ou par 5^n d'un nombre est identique au reste de la division par 2^n

ou par 5^n, de la tranche formée par les n premiers chiffres à partir de la droite du nombre donné.

III. *Trouver, sans effectuer la division, le reste de la division par 9 d'un nombre donné.*

En effectuant la division par 9 d'une puissance quelconque de 10, on trouve qu'elle est égale à un multiple de 9, plus 1 ; par conséquent, tout nombre suivi de n zéros, constitue un nouveau nombre égal à un multiple de 9 augmenté du nombre primitif.

Cela posé, un nombre quelconque étant égal à la somme des chiffres qui le composent, pris en valeurs absolues et en valeurs relatives, nous pourrons dire que le nombre considéré est égal à un multiple de 9, augmenté de la somme des valeurs absolues de ses chiffres. Le reste de la division par 9 d'un nombre donné est donc égal au reste de la division par 9 de la somme des valeurs absolues des chiffres qui le composent.

Si la somme des valeurs absolues des chiffres du nombre considéré surpasse 9, on opère sur elle comme sur le nombre proposé ; et ainsi de suite, jusqu'à ce que l'on arrive à une somme qui ne soit pas supérieure à 9, et l'on parviendra toujours à une pareille somme.

Prenons un exemple. Soit le nombre 234789545, nous dirons :

$$
\begin{array}{ll}
2+3\ldots 5\,; & 1+1\ldots 2\,; \\
5+4\ldots 9\,; & 2+4\ldots 6\,; \\
7+8\ldots 15\,; & 6+5\ldots 11\,; \\
1+5\ldots 6\,; & 1+1\ldots 2. \\
6+5\ldots 11\,; &
\end{array}
$$

2 représente le reste de la division par 9 d'un nombre donné.

Dans ce calcul pratique, après avoir dit 5 + 4...9, nous négligeons 9 ; car le reste de la division par 9 de la somme totale est égal au reste de la division par 9 de cette même somme diminuée de 9. Il vient ensuite 7 + 8... 15 ; or 15 est un multiple de 9, plus 6 ; nous retranchons aussi de 15 le multiple de 9 ; il nous reste alors 6, que nous obtiendrons immédiatement en opérant de la même manière sur le nombre 15, c'est-à-dire en disant 1 + 5...6 : ainsi de suite.

IV. *Déterminer, sans effectuer la division, le reste de la division par 3 d'un nombre donné.*

D'après ce qui précède, tout nombre égale un multiple de 9, augmenté de la somme des valeurs absolues des chiffres qui le constituent. Or tout multiple de 9 est aussi un certain multiple de 3 ; donc le nombre proposé est égal à un multiple de 3, augmenté de la somme des valeurs absolues de ses chiffres ; par conséquent le reste de la division par 3 d'un nombre quelconque, égale le reste de la division par 3 de la somme des valeurs absolues de ses chiffres.

Dans la pratique, en effectuant la somme indiquée, nous aurons à négliger les multiples de 3 au fur et à mesure qu'ils se présenteront.

V. *Trouver le reste de la division par 11 d'un nombre donné sans faire la division ordinaire.*

Lorsque le nombre donné ne surpasse point 10^2, le tableau, facile à rappeler, des neuf premiers multiples de 11, nous permet d'obtenir, au moyen d'une simple soustraction, le reste de la division par 11 du nombre donné.

Quand le nombre est supérieur à 10^2, on trouve, au

moyen des considérations suivantes, un nombre inférieur à 10^2, dont le reste de la division par 11 égale le reste de la division par 11 du nombre proposé.

1° Toute puissance paire de 10 est un multiple de 11, plus 1, comme on peut le voir en faisant la division : par conséquent, un nombre quelconque suivi de $2n$ zéros forme un nouveau nombre égal à un multiple de 11, augmenté du nombre primitif.

2° Un nombre décomposé en tranches de deux chiffres chacune, en commençant par la droite, est égal à la somme des valeurs relatives de ces tranches ; or la valeur relative de chaque tranche constitue un nombre égal à un multiple de 11, augmenté de la valeur absolue du nombre formant cette tranche : donc, le nombre considéré égale un multiple de 11, augmenté de la somme des valeurs absolues des tranches qui le composent.

Nous opérerons sur cette dernière somme comme sur le nombre proposé, si elle surpasse 10^2 ; ainsi de suite, jusqu'à ce que nous parvenions à un nombre composé de *un* ou *deux* chiffres, ce qui arrivera toujours.

53. — THÉORÈME. *Si l'on divise deux nombres et leur produit par un même diviseur, le reste de la division, par ce diviseur, du produit des restes des facteurs, est égal au reste de la division du produit, par le diviseur considéré.*

Prenons le diviseur 9 et les nombres 538 et 473.

$$538 \times 473 = 254474.$$

Or

$$538 = 59 \times 9 + 7$$

et

$$473 = 52 \times 9 + 5.$$

Le produit de 538 par 473 égale évidemment le produit de $(59 \times 9 + 7)$ par $(52 \times 9 + 5)$.

Effectuant le deuxième produit, nous avons l'égalité :

$$254474 = 59 \times 9 \times 52 \times 9 + 7 \times 52 \times 9 + 59 \times 9 \times 5 + 7 \times 5,$$

ou bien

$$254474 = (59 \times 9 \times 52 + 7 \times 52 + 59 \times 5)9 + 7 \times 5.$$

Or,

$$(59 \times 9 \times 52 + 7 \times 52 + 59 \times 5)9$$

est un multiple de 9; donc le reste de la division de 7×5 par 9, égale le reste de la division par 9 du produit 254474, ce que nous avions à démontrer.

Recherche du plus grand diviseur commun à deux nombres donnés.

54. — LEMME. *Lorsqu'un nombre est divisible par un autre, le tableau contenant tous les diviseurs communs à ces deux nombres est identique à celui qui contient tous les diviseurs du plus petit.*

Soient les nombres 252 et 84; admettons que nous ayons sous nos yeux le tableau de tous les diviseurs communs à ces deux nombres, ainsi que celui de tous les diviseurs de 84.

Tout diviseur contenu dans le premier tableau, étant un diviseur commun aux deux nombres 252 et 84, se trouve évidemment dans le second. Pareillement, tout diviseur de 84 divisant 252, multiple de 84, est aussi dans le premier tableau.

Ces deux tableaux sont donc identiques : ainsi le plus

grand nombre du premier tableau égale le plus grand nombre du second. Or 84 est le plus grand nombre contenu dans le second tableau : 84 est donc le plus grand diviseur commun aux deux nombres donnés.

En conséquence, lorsqu'un nombre est divisible par un autre, le plus grand diviseur commun à ces deux nombres égale le plus petit nombre donné. De plus, la recherche de tous les diviseurs communs à ces deux nombres est ramenée à celle de tous les diviseurs du plus petit des deux nombres donnés.

55. — THÉORIE. *Prenons les nombres 798 et 210.*

Le plus grand diviseur commun à ces deux nombres ne peut surpasser 210, car il doit le diviser, et d'après le lemme précédent, 210 serait lui-même ce plus grand diviseur commun, s'il était un sous-multiple de 798. Divisons 798 par 210, nous trouvons pour quotient 3 et pour reste 168; le nombre 210 n'est donc pas le plus grand diviseur commun aux deux nombres donnés; de plus, nous avons l'égalité suivante,

$$798 = 210 \times 3 + 168.$$

Tout diviseur commun aux deux nombres 798 et 210, divisant 210×3 multiple de 210, doit diviser aussi 168, d'après un principe qui précède.

Pareillement, tout diviseur commun aux nombres 210 et 168 divisant 210×3, divise aussi 798; par conséquent le tableau de tous les diviseurs communs aux nombres 798 et 210 est identique à celui de tous les diviseurs communs aux nombres 210 et 168.

Le raisonnement précédent nous porte à rechercher le

plus grand diviseur commun aux nombres 210 et 168.

Ces nombres sont respectivement inférieurs aux nombres donnés.

210 divisé par 168, donne pour quotient 1 et pour reste 42; l'égalité 210 = 168 + 42 démontre que le tableau de tous les diviseurs communs aux deux nombres 210 et 168 est identique à celui de tous les diviseurs communs aux nombres 168 et 42.

Or 42 est un sous-multiple de 168, le nombre 42 représente donc le plus grand diviseur commun aux nombres 168 et 42 : par conséquent, il est aussi le plus grand diviseur commun aux deux nombres donnés 798 et 210; car dans les raisonnements que nous venons de faire nous avons examiné quatre tableaux :

Le 1er contient tous les diviseurs communs aux nombres 798 et 210;

Le 2e renferme tous les diviseurs communs aux nombres 210 et 168;

Dans le 3e nous trouvons tous les diviseurs communs aux nombres 168 et 42;

Enfin dans le 4e nous avons tous les diviseurs de 42;

Et nous avons reconnu que ces quatre tableaux étaient identiques.

56. — La théorie que nous venons d'exposer conduit à une règle pratique, dans laquelle les calculs sont disposés de la manière suivante :

	3	1	4
798	210	168	42
168	42	0	

Nous avons placé le quotient 3 au-dessus de 210, afin

de pouvoir écrire le reste 42 au-dessous, ainsi de suite.

57. — *Conséquences.* 1° Tout diviseur commun à deux nombres divise deux restes consécutifs quelconques, obtenus en effectuant les calculs qui conduisent au plus grand diviseur commun à ces nombres; car le tableau de tous les diviseurs communs à deux nombres est le même que celui qui contient tous les diviseurs communs à deux restes consécutifs quelconques.

2° Lorsqu'on trouve deux restes consécutifs premiers entre eux, les deux nombres donnés sont premiers entre eux.

3° Quand l'un des restes est un nombre premier, de deux choses l'une : ou bien ce reste divise celui qui le précède, alors il est lui-même le plus grand diviseur commun aux deux nombres donnés; ou bien le reste considéré n'est pas un sous-multiple du précédent; dans ce cas les deux nombres donnés sont premiers entre eux.

THÉORÈMES RELATIFS AU PLUS GRAND DIVISEUR COMMUN
A DEUX NOMBRES.

58. — I. *Lorsqu'on multiplie deux nombres par un même nombre, le plus grand diviseur commun aux deux produits est égal au produit du plus grand diviseur commun aux nombres donnés, par le nombre multiplicateur.*

Effectuons les opérations propres à nous donner le plus grand diviseur commun aux nombres 870 et 390.

		2	4	3
870		390	90	30
90		30	0	

et multiplions chacun des nombres donnés par 7. D'après

un principe connu relatif à la division (41), nous pouvons profiter des divisions précédentes pour obtenir le plus grand diviseur commun aux produits 870×7 et 390×7; il vient :

$$
\begin{array}{c|c|c|c}
870 \times 7 & 390 \times 7 & 90 \times 7 & 30 \times 7 \\
90 \times 7 & 30 \times 7 & 0 &
\end{array}
$$

30×7 représente donc le plus grand diviseur commun aux produits 870×7 et 390×7, ce qui était à démontrer.

Effectuons les calculs,

$$
\begin{array}{c|c|c|c}
 & 2 & 4 & 3 \\
6090 & 2730 & 630 & 210 \\
630 & 210 & 0 &
\end{array}
$$

$$210 = 30 \times 7.$$

II. *Lorsqu'on divise exactement deux nombres par un même nombre, le plus grand diviseur commun aux deux quotients, est égal au quotient de la division du plus grand diviseur commun aux nombres donnés, par le même diviseur.*

Reprenons le dernier exemple :

$$
\begin{array}{c|c|c|c}
 & 2 & 4 & 3 \\
6090 & 2730 & 630 & 210 \\
630 & 210 & 0 &
\end{array}
$$

Divisant chacun des nombres 6090 et 2730 par 7, nous retrouverons les nombres 870 et 390 qui ont pour plus grand diviseur commun 30 ; or 30 égale le quotient de la division de 210 par 7, ce que nous avions à reconnaître.

III. *Lorsqu'on a divisé deux nombres par leur plus grand diviseur commun, les quotients obtenus sont toujours premiers entre eux.*

Soient les nombres 345000 et 2380 qui ont 20 pour plus grand diviseur commun. D'après le théorème précédent, le plus grand diviseur commun aux deux quotients 17250 et 119, égale 20 divisé par 20 ou bien 1; les deux quotients 17250 et 119 sont donc premiers entre eux,

IV. *Lorsque après avoir divisé exactement deux nombres par le même diviseur, les quotients obtenus sont premiers entre eux, le diviseur est le plus grand diviseur commun aux nombres donnés.*

Les nombres 345000 et 2380 divisés par 20 donnent pour quotients deux nombres 17250 et 119 qui sont premiers entre eux. Le nombre 20 représente le plus grand diviseur commun aux nombres donnés : en effet, les deux quotients 17250 et 119 ayant 1 pour plus grand diviseur commun, les produits 17250×20 et 119×20, qui sont respectivement égaux aux nombres 345000 et 2380, ont pour plus grand diviseur commun 1×20, c'est-à-dire 20.

V. *Tout nombre composé admet toujours au moins un diviseur premier, autre que le nombre un.*

Représentons par la lettre n le nombre composé; ce nombre admet au moins un diviseur différent de ses diviseurs naturels 1 et n.

Le plus petit de tous ces diviseurs compris entre 1 et n doit être premier; car autrement ce dernier diviseur aurait lui-même au moins un diviseur *premier* ou non *premier* qui diviserait n : par conséquent le diviseur considéré d'abord ne serait pas le plus petit sous-multiple de n, compris entre 1 et n, ce qui est contre l'hypothèse.

Corollaire. Lorsque deux nombres ne sont pas premiers entre eux, ils admettent au moins un diviseur premier commun. Car si nous considérons un diviseur commun à ces deux nombres, il admettra au moins un diviseur premier, et ce nombre premier sera un diviseur commun aux deux nombres proposés.

Facteurs premiers et nombres premiers.

59. — DÉFINITION. Un nombre est décomposé en un système de facteurs premiers, lorsqu'on a un produit équivalent au nombre donné et contenant seulement des facteurs premiers, qui peuvent être égaux entre eux ou inégaux, ou bien en partie égaux entre eux et en partie inégaux.

60. — THÉORÈMES. — I. *Un nombre est toujours décomposable en un système de facteurs premiers.*

Prenons un nombre composé nommé n. D'après le théorème précédent, il admet au moins un diviseur premier, que nous supposerons égal à 2 ; nous aurons $n = 2 \times A$, en représentant par A le quotient de la division de n par 2 ; A supposé non premier est divisible au moins par un nombre premier que nous représenterons par 3 ; il vient, $A = 3 \times B$; d'où $n = 2 \times 3 \times B$. Décomposons pareillement B, s'il n'est point premier, et ainsi de suite : nous parviendrons forcément à une dernière décomposition dans laquelle les deux facteurs du produit correspondant seront premiers ; car autrement, un nombre donné égalerait un produit composé d'un nombre illimité de facteurs, ayant 2 pour minimum ; conséquence absurde.

II. *La suite des nombres premiers est illimitée.*

La question proposée revient à reconnaître qu'il existe toujours un nombre *premier*, supérieur à un nombre *premier* donné.

Écrivons successivement tous les nombres *premiers* depuis 2 jusqu'à un certain nombre *premier* que nous nommons n. Le nombre $(2 \times 3 \times 5 \times \ldots \times n) + 1$ est forcément divisible par un nombre *premier* plus grand que 1 : or ce diviseur premier ne peut être l'un des nombres premiers 2, 3, 5, ..., n ; car autrement, si le nombre $(2 \times 3 \times 5 \times \ldots \times n) + 1$, admettait le diviseur 5 par exemple, ce nombre 5, divisant la somme $(2 \times 3 \times 5 \times \ldots \times n) + 1$ et la première partie $(2 \times 3 \times 5 \times \ldots \times n)$ de cette somme, devrait diviser l'autre partie 1, ce qui est absurde. Le nombre $(2 \times 3 \times 5 \times \ldots \times n) + 1$ admet donc un diviseur premier supérieur au nombre premier n, quelque grand que soit ce nombre : la suite des nombres premiers est donc illimitée.

REMARQUE. Le nombre $(2 \times 3 \times 5 \times \ldots \times n) + 1$ peut être premier ou non, selon la valeur attribuée à n.

Exemple : $(2 \times 3) + 1$ est un nombre premier.

Autre exemple $(2 \times 3 \times 5 \times 7 \times 11 \times 13) + 1$ qui égale 30031 est divisible par 59.

61. — *Formation d'une table de nombres premiers.*

La suite naturelle des nombres premiers étant illimitée, proposons-nous de former une table des nombres premiers à partir de 1 jusqu'à un nombre désigné, 120 par exemple.

Écrivons tous les nombres depuis 1 jusqu'à 120.

1, 2, 3, 4, 5, 6, 7, 8, 9, 10, 11, 12, 13, 14, 15, 16, 17, 18, 19, 20, 21, 22, 23, 24, 25, 26, 27, 28, 29, 30, 31, 32, 33, 34, 35, 36, 37, 38, 39, 40, 41, 42, 43, 44, 45, 46, 47, 48, 49, 50, 51, 52, 53, 54, 55, 56, 57, 58, 59, 60, 61, 62, 63, 64, 65, 66, 67, 68, 69, 70, 71, 72, 73, 74, 75, 76, 77, 78, 79, 80, 81, 82, 83, 84, 85, 86, 87, 88, 89, 90, 91, 92, 93, 94, 95, 96, 97, 98, 99, 100, 101, 102, 103, 104, 105, 106, 107, 108, 109, 110, 111, 112, 113, 114, 115, 116, 117, 118, 119, 120.

Ce tableau contenant, depuis 1 jusqu'à 120, tous les nombres premiers ainsi que tous ceux qui ne le sont pas, si nous parvenons à en exclure tous les nombres composés, il ne nous restera plus évidemment que des nombres premiers. Pour opérer cette exclusion, profitons du moyen attribué à Ératosthène.

D'abord 1 et 2 sont des nombres premiers : à partir de 2 exclusivement, comptons de deux en deux et barrons chaque deuxième nombre qui se présentera ; les nombres ainsi effacés sont des multiples de 2 ; en effet,

$$4 = 2 + 2 \; ; \; 6 = 4 + 2, \text{ etc.}$$

En outre, il n'existera plus dans le tableau de nombre divisible par 2, car tout nombre non effacé se trouvant placé entre deux nombres barrés, est égal à un multiple de 2 plus *un*; il n'est donc pas divisible par 2.

Pareillement 3 est un nombre premier : à partir de 3 exclusivement, comptons de trois en trois et barrons tous les nombres sur lesquels nous dirons *trois*; de cette manière nous exclurons les multiples de 3, et il ne restera plus dans le tableau de nombre divisible par 3.

Les multiples de 4 se trouvent effacés comme étant des multiples de 2.

Nous effacerons tous les multiples de 5 et de 7 en suivant une marche analogue à celle qui vient d'être indiquée pour exclure du tableau tous les multiples de 2 et tous les multiples de 3 : ainsi de suite.

Le nombre 11×11 étant supérieur à 120, nous pouvons immédiatement affirmer que tous les nombres non effacés sont premiers ; en effet,

Considérons dans le tableau formé primitivement un nombre non barré ; ce nombre doit être forcément premier ; car autrement il égalerait un produit de deux facteurs différents de 1 ; ce nombre étant inférieur à 120 et par suite à 121, qui égale 11×11, aurait au moins un diviseur moins grand que 11, conséquence inadmissible : car nous avons eu le soin d'effacer, en les barrant, tous les multiples des nombres inférieurs à 11 qui se trouvent dans la table. Les nombres non effacés sont donc premiers.

Ces nombres premiers sont :

1, 2, 3, 5, 7, 11, 13, 17, 19, 23, 29, 31, 37, 41, 43, 47, 53, 59, 61, 67, 71, 73, 79, 83, 89, 97, 101, 103, 107, 109, 113.

Dans la pratique, après avoir barré tous les multiples de 2, pour exclure tous les multiples de 3, on commence par effacer le nombre 9, qui est le produit de 3 par 3, et l'on compte de *trois* en *trois*, à partir de 9 exclusivement. Pareillement, pour barrer tous les multiples de 5, on efface immédiatement 25, qui égale 5×5, et l'on compte de *cinq* en *cinq* à partir de 25 exclusivement, etc.

62. — PROBLÈME. *Reconnaître si un nombre donné est premier ou non.*

Pour reconnaître si un nombre donné est premier ou non, il suffit de faire successivement les divisions du nombre donné par les nombres premiers 2, 3, 5, etc., jusqu'à ce que l'on soit conduit à faire une division dont le reste soit égal à zéro, ou bien jusqu'à ce que le quotient soit égal ou inférieur au diviseur correspondant. Lorsque cette dernière division donne un reste, comme les divisions précédentes ont aussi fourni des restes différents de zéro, on peut affirmer immédiatement que le nombre considéré est premier.

Donnons deux exemples :

1° Soit le nombre 997, que nous divisons successivement par les nombres premiers, 2, 3, 5, 7, 11, 13, 17, 19, 23, 29, 31, 37. La division de 997 par 37 donne pour quotient 26 et pour reste 35; le quotient 26 étant inférieur au diviseur correspondant 37, le nombre 997 est premier; en effet, supposons qu'il soit divisible par un nombre premier supérieur à 37; nommons d ce diviseur, et q le quotient de la division de 997 par d, il vient :

$$997 = d \times q;$$

la division de 997 par 37 nous fournit l'égalité

$$997 = 37 \times 26 + 35;$$

d'où

$$d \times q = 37 \times 26 + 25;$$

par conséquent, nous pouvons écrire l'inégalité suivante :

$$d \times q < 37 (26 + 1).$$

Or d est supérieur à 37 par hypothèse, donc q doit être inférieur à $(26 + 1) = 27$; 997 serait donc divisible par un nombre q qui ne surpasse pas 26, ce qui n'est pas possible, car nous avons fait les divisions de 997 par tous les nombres premiers jusqu'à 37 inclusivement.

2° Soit le nombre 30031.

En divisant ce nombre 30031 par les nombres 2, 3, 5, 7, 11, 13, 17, 19, 23, 29, 31, 37, 41, 43, 47, 53, nous trouvons constamment des restes différents de zéro; mais en divisant 30031 par 59, nous avons pour quotient 509 et pour reste zéro : donc, le nombre 30031 n'est point premier.

63. — THÉORÈMES. — I. *Tout nombre qui divise un produit de deux facteurs et qui est premier avec l'un d'eux, divise toujours l'autre facteur.*

Le nombre 281820 a pour facteurs 732 et 385. Le produit 281820 est divisible par 6 ; en outre 385 est premier avec 6, je dis que 732 est un multiple de 6; en effet ;

385 et 6 ont 1 pour plus grand diviseur commun, donc les produits 385×732 et 6×732 auront 1×732, pour plus grand diviseur commun.

Or 385×732 est par hypothèse divisible par 6 ; de plus, 6×732 est évidemment un multiple de 6 : donc 732 est divisible par 6, car tout nombre qui en divise deux autres, divise aussi leur plus grand diviseur commun.

II. *Tout nombre premier qui divise un produit de deux facteurs, divise au moins l'un des facteurs du produit.*

Si le diviseur premier donné n'est pas un sous-multiple de l'un des deux facteurs du produit considéré, il est premier avec ce facteur, et d'après le théorème précédent, ce diviseur premier divise forcément l'autre facteur.

III. *Tout nombre premier qui divise un produit composé d'autant de facteurs que l'on voudra, divise au moins l'un des facteurs de ce produit.*

Prenons un produit composé de quatre facteurs et qui soit divisible par 3,

Le produit $347 \times 2052 \times 3412 \times 58$ par exemple.

Considérons ce produit comme composé de deux facteurs seulement, le premier étant $(347 \times 2052 \times 3412)$ et l'autre 58; d'après le théorème précédent, 3 divise au moins l'un de ces deux facteurs; admettons que 3 divise le facteur $(347 \times 2052 \times 3412)$; ce nombre est lui-même un produit composé des facteurs (347×2052) et 3412 : supposons que 3 ne divise pas 3412, il devra diviser (347×2052) : mais ce dernier nombre est un produit composé des facteurs 347 et 2052 : donc, d'après le théorème précédent, 3 divise au moins l'un d'eux.

Remarque. Dans le courant de la démonstration précécédente, on ne doit pas chercher à reconnaître si les facteurs isolés 58 et 3412 sont ou ne sont pas divisibles par le diviseur premier considéré : il faut au contraire poursuivre le raisonnement jusqu'à ce que l'on soit arrivé au produit 347×2052 composé de deux facteurs; alors seulement le théorème est démontré.

IV. *Tout nombre premier qui divise une puissance d'un nombre, divise aussi ce dernier nombre.*

Car la puissance d'un nombre est un produit de plusieurs facteurs égaux à ce nombre.

V. *Lorsque deux nombres sont premiers entre eux, leurs puissances sont aussi premières entre elles.* Ainsi 32 et 13 étant premiers entre eux, les puissances 32^5 et 13^2 seront aussi premières entre elles ; car si un facteur premier divisait 32^5 et 13^2, il devrait diviser 32 et 43 ce qui est impossible, puisque ces nombres sont premiers entre eux par hypothèse.

VI. *Un nombre n'est décomposable qu'en un seul système de facteurs premiers.*

Le produit $2 \times 2 \times 2 \times 3 \times 3 \times 7$ est égal au nombre 504 ; en outre, d'après la définition qui a été donnée (59), ce produit représente la décomposition du nombre 504 en un système de facteurs premiers. Nous allons reconnaître que le nombre 504 n'est décomposable qu'en un seul système de facteurs premiers. En effet, tout produit composé uniquement de facteurs premiers et que l'on supposerait équivalent au nombre 504, devrait être identique au produit $2^3 \times 3^2 \times 7$; car le facteur premier 2 divisant le produit donné, doit diviser aussi le produit supposé que nous considérons. Or pour qu'un nombre premier 2 divise un produit, il doit diviser au moins l'un des facteurs de ce produit ; et comme tous les facteurs du nouveau produit sont aussi premiers, ce produit doit contenir forcément le facteur 2. Divisant par 2 le produit donné et le produit supposé, les quotients obtenus seront équivalents.

Nous démontrerons pareillement et au moyen de divisions successives, que tous les facteurs premiers du produit donné se trouvent nécessairement dans le produit supposé. De plus, ce dernier produit ne saurait contenir un plus grand nombre de facteurs premiers que le produit donné, car autrement, après avoir fait les divisions successives que nous venons d'indiquer, nous parviendrions à la conséquence suivante : le nombre 1 égale un nombre premier autre que 1 ou bien un produit de facteurs premiers supérieurs à 1, ce qui est inadmissible dans les deux cas.

VII. *Lorsqu'un nombre est divisible par plusieurs autres, premiers entre eux deux à deux, il est divisible par leur produit.*

Soit n un nombre divisible par 6 et par 35, qui sont premiers entre eux ; ce nombre désigné par n est aussi divisible par leur produit 6×35. En effet, n étant divisible par 6, nous aurons $n = 6 \times A$, en représentant par A le quotient de la division de n par 6. Le nombre 35 divisant n, divisera aussi $6 \times A$; mais 35 est premier avec 6 : donc 35 divise A.

Nous aurons alors $A = 35 \times B$, en représentant par B le quotient de la division de A par 35. Dans l'égalité $n = 6 \times A$, remplaçant A par un produit équivalent, il vient $n = 6 (35 \times B)$, ou bien $n = 6 \times 35 \times B$, ou enfin $n = (6 \times 35) B$. Donc, etc.

64. — PROBLÈME. *Décomposer un nombre en un système de facteurs premiers.*

1° Nous avons donné plus haut la définition de la décomposition d'un nombre en un système de facteurs premiers.

2° Nous avons reconnu l'existence d'une pareille décomposition.

3° Il a été démontré qu'un nombre n'est décomposable qu'en un seul système de facteurs premiers.

Il ne nous reste plus qu'à indiquer l'un des moyens propres à opérer cette décomposition unique.

Prenons le nombre 720.

Ce nombre étant divisible par 2, nous avons $720 = 2 \times 360$; le quotient 360 étant encore un multiple de 2, il vient : $360 = 2 \times 180$; pareillement $180 = 2 \times 90$ et $90 = 2 \times 45$. Ce dernier quotient 45 n'est plus divisible par 2, mais il est un multiple de 3; nous pouvons écrire $45 = 3 \times 15$ et $15 = 3 \times 5$. Ces différentes divisions nous conduisent aux égalités suivantes :

$$720 = 2 \times 360 = 2 \times 2 \times 180 = 2 \times 2 \times 2 \times 90 = 2 \times 2 \times 2 \times 2 \times 45 = 2 \times 2 \times 2 \times 2 \times 3 \times 15 = 2 \times 2 \times 2 \times 2 \times 3 \times 3 \times 5 = 2^4 \times 3^2 \times 5.$$

Le produit $2^4 \times 3^2 \times 5$ représente le nombre 720, décomposé en un système de facteurs premiers.

Dans la pratique, on dispose ainsi le calcul.

720	2
360	2
180	2
90	2
45	3
15	3
5	5
1	

65. — THÉORÈME. *Un nombre est divisible par un autre, lorsque le dividende contient tous les facteurs premiers du diviseur et que, de plus, les exposants des facteurs pre-*

miers du dividende ne sont pas inférieurs aux exposants des mêmes facteurs égaux qui se trouvent dans le diviseur.

1° La condition énoncée est suffisante ; en effet, prenons les produits $2^7 \times 3^4 \times 5 \times 11 \times 17$ et $2^5 \times 3^2 \times 17$ qui jouissent de la propriété indiquée. Le nombre $2^7 \times 3^4 \times 5 \times 11 \times 17$ est évidemment divisible par les nombres 2^5, 3^2, 17 : donc il est divisible par leur produit $2^5 \times 3^2 \times 17$; car les nombres 2^5, 3^2 et 17 sont premiers entre eux, deux à deux.

2° La condition énoncée est nécessaire, car tout nombre divisible par $2^5 \times 3^2 \times 17$, est égal à un produit de deux facteurs dont l'un est le diviseur $2^5 \times 3^2 \times 17$ et dont l'autre est le quotient ; le dividende doit renfermer les facteurs premiers 2, 3, 17 avec des exposants respectivement égaux, au moins, aux nombres 5, 2, 1 ; car autrement, nous arriverions à cette conséquence absurde, que deux nombres égaux peuvent être décomposés en deux systèmes différents de facteurs premiers.

66. — Problèmes. — I. *Déterminer tous les diviseurs d'un nombre décomposé en un système de facteurs premiers.*

Soit le nombre $2^4 \times 3^2 \times 5^2$.

1° 2^4 a pour diviseurs 1, 2, 2^2, 2^3, 2^4, et pas davantage.

2^4 a donc cinq diviseurs ; nous obtenons ce nombre 5 en ajoutant 1 à l'exposant 4 de 2 dans le nombre 2^4.

2° Considérons le nombre $2^4 \times 3^2$, nous venons d'obtenir tous les diviseurs de 2^4 qui sont 1, 2, 2^2, 2^3, 2^4.

Pareillement, tous les diviseurs de 3^2 sont : 1, 3, 3^2.

3^2 a donc trois diviseurs, et pas un plus grand nombre ;

ce nombre 3 est obtenu en ajoutant 1 à l'exposant 2 de 3 dans 3^2.

Or un diviseur quelconque de 2^4 étant premier avec un diviseur quelconque de 3^2, nous aurons encore des diviseurs de $2^4 \times 3^2$ en multipliant successivement tous les diviseurs de 2^4 par tous les diviseurs de 3^2; ces produits sont :

$$1, \ 2, \ 2^2, \ 2^3, \ 2^4, \ 3, \ 2 \times 3, \ 2^2 \times 3, \ 2^3 \times 3, \ 2^4 \times 3, \ 3^2,$$
$$2 \times 3^2, \ 2^2 \times 3^2, \ 2^3 \times 3^2, \ 2^4 \times 3^2.$$

Non-seulement ces *quinze* produits sont des diviseurs de $2^4 \times 3^2$, mais ils les représentent tous; en effet, tout diviseur de $2^4 \times 3^2$ ne doit pas contenir d'autres facteurs premiers que 2 et 3, et les exposants de ces facteurs premiers ne peuvent point surpasser 4 et 2, exposants de 2 et de 3 dans le nombre $2^4 \times 3^2$.

Or, dans le tableau ci-dessus, nous trouvons tous les diviseurs de 2^4, plus tous les diviseurs de 3^2, plus tous les produits obtenus après avoir multiplié tous les diviseurs de 2^4 par tous les diviseurs de 3^2. Et nous pouvons remarquer que 15, nombre total des diviseurs, est le produit de $(4 + 1)$ par $(2 + 1)$, 4 étant l'exposant de 2 dans 2^4 et 2 étant l'exposant de 3 dans 3^2.

3° Enfin pour obtenir tous les diviseurs du produit $2^4 \times 3^2 \times 5^2$, nous aurons à multiplier tous les diviseurs de $2^4 \times 3^2$ par tous les diviseurs de 5^2; ce nombre de diviseurs sera représenté par $(4 + 1) (2 + 1) (2 + 1)$.

Le nombre $2^4 \times 3^2 \times 5^2$ a donc 45 diviseurs et pas davantage.

II. *Écrire le plus grand diviseur commun à deux nombres décomposés en facteurs premiers.*

On forme un produit composé de tous les facteurs premiers communs à ces nombres, affectés de leur plus faible exposant et le problème est résolu, comme il est facile de le reconnaître, d'après un théorème démontré (65).

III. *Écrire le plus simple multiple commun à deux nombres décomposés en facteurs premiers.*

On forme un produit composé de tous les facteurs premiers communs et non communs à ces nombres, affectés de leur plus fort exposant, et le problème est résolu, comme il est facile de le reconnaître, d'après le même théorème (65).

EXEMPLES : Le plus grand diviseur commun aux deux nombres

$$2^8 \times 3^5 \times 11^4 \times 7$$
$$2 \times 3^4 \times 19$$

est

$$2 \times 3^4 ;$$

Et leur plus simple multiple est

$$2^8 \times 3^5 \times 11^4 \times 7 \times 19.$$

TROISIÈME LIVRE.

FRACTIONS.

Définitions.

67. — On donne le nom de *fraction* à une ou à plusieurs parties aliquotes de l'unité.

On entend par *partie aliquote* d'une grandeur, une quantité contenue exactement un certain nombre de fois dans cette grandeur.

La fraction considérée peut être plus grande que l'unité; alors on a un nombre *fractionnaire.*

68. — Deux nombres entiers concourent à exprimer la valeur d'une fraction.

L'un d'eux, nommé *dénominateur*, indique en combien de parties égales l'unité a été partagée; l'autre, appelé *numérateur*, fait connaître le nombre que l'on prend de ces parties.

Le numérateur et le dénominateur sont les deux *termes* de la fraction, ou du nombre fractionnaire.

Pour écrire une fraction, on place le numérateur au-dessus du dénominateur, en séparant ces nombres par un trait.

69. — Pour énoncer une fraction, on lit d'abord le numérateur et ensuite le dénominateur, en faisant suivre

l'énoncé du dénominateur de la terminaison *ième*, excepté pour les nombres 2, 3 et 4.

Les différents produits d'une fraction quelconque par 1, 2, 3, 4, 5, etc., sont appelés des multiples de cette fraction.

Théorèmes et problèmes relatifs aux fractions.

70. — En adoptant la définition d'un quotient, déjà donnée (31), nous allons démontrer que

Le quotient de la division d'un nombre par un autre est égal à une fraction dont le dividende est le numérateur, et dont le diviseur est le dénominateur.

Soit à diviser 4 par 3, nous allons reconnaître que le *tiers de quatre* unités égale les *quatre tiers* de la même unité.

En effet,
$$4 = 1 + 1 + 1 + 1$$
et
$$1 = \frac{3}{3} = \frac{1}{3} + \frac{1}{3} + \frac{1}{3}.$$

Cela posé, la somme des nombres contenus dans le tableau suivant

$$
\begin{array}{ccc}
\frac{1}{3} & \frac{1}{3} & \frac{1}{3} \\[1ex]
\frac{1}{3} & \frac{1}{3} & \frac{1}{3} \\[1ex]
\frac{1}{3} & \frac{1}{3} & \frac{1}{3} \\[1ex]
\frac{1}{3} & \frac{1}{3} & \frac{1}{3}
\end{array}
$$

étant égale à 4 nous aurons le tiers de 4, en faisant la

somme des nombres de l'une des trois colonnes verticales ; or nous y voyons un nombre de tiers représenté par 4 : donc le *tiers de quatre* égale *quatre tiers*. Ainsi, *le tiers de quatre millions est égal aux quatre tiers d'un million.*

REMARQUES. 1° Dans la question proposée, 4 est le dividende, et 3 le diviseur; dans le quotient obtenu $\frac{4}{3}$, 4 est le numérateur, et 3 le dénominateur.

2° Trois fois la somme des nombres de l'une des colonnes verticales, reproduisant 4, trois fois $\frac{4}{3}$ égale 4 : donc, le produit d'une fraction par son dénominateur est égal au numérateur de cette fraction.

3° Le quotient $\frac{4}{3}$ ou le nombre qui multipiant 3 reproduit le nombre 4, est aussi appelé *rapport* des nombres 4 et 3.

71. — Nous pouvons actuellement obtenir le quotient complet de la division de deux nombres entiers.

Soit à diviser 31 par 6 ; la sixième partie de 31 se compose de la sixième partie de 30 (qui est le plus grand multiple de 6 contenu dans 31), augmentée de la sixième partie de 1 ; or le sixième de 30 est 5, et le sixième de 1 est $\frac{1}{6}$, d'après ce qui a été dit plus haut : le quotient total de la division de 31 par 6 est donc égal à $5 + \frac{1}{6}$.

Preuve :

$$\left(5 + \frac{1}{6}\right)6 = 5 \times 6 + \frac{1}{6} \times 6 = 30 + 1 = 31.$$

72. — *Réduire un entier en nombre fractionnaire d'une espèce donnée;* en d'autres termes, *remplacer un entier par un nombre fractionnaire équivalent, dont on donne le dénominateur.*

Soit proposé de réduire 3 en *cinquièmes*. D'après le théorème ci-dessus, toute fraction pouvant être considérée comme égale au quotient d'une division, dans laquelle le numérateur de la fraction est le dividende, il suffit de trouver un nombre qui, divisé par 5, donne 3 au quotient : ce dividende égale donc 3 fois le diviseur 5 , c'est-à-dire 5×3, et le nombre fractionnaire demandé est $\dfrac{5 \times 3}{5}$.

Généralement, pour remplacer un entier par un nombre fractionnaire d'une espèce désignée, on multiplie par l'entier le dénominateur donné, et l'on divise le produit par ce même dénominateur.

Conséquence. Le nombre

$$7 + \frac{3}{4} = \frac{7 \times 4}{4} + \frac{3}{4} = \frac{28 + 3}{4} = \frac{31}{4}.$$

Par opération inverse,

$$\frac{31}{4} = \frac{28 + 3}{4} = \frac{7 \times 4 + 3}{4} = \frac{7 \times 4}{4} + \frac{3}{4} = 7 + \frac{3}{4}.$$

Les égalités précédentes nous indiquent le moyen de remplacer un nombre entier, plus une fraction, par un nombre fractionnaire ayant pour dénominateur celui de la fraction donnée, et d'extraire l'entier contenu dans un nombre fractionnaire donné.

73. — Théorèmes. — I. *Lorsque deux fractions ont des dénominateurs égaux entre eux, la plus grande est celle qui a le plus grand numérateur.*

Prenons les fractions $\dfrac{7}{9}$ et $\dfrac{3}{9}$; elles expriment l'une et l'autre des neuvièmes. La première en contient 7, et la seconde en contient 3 ; la première fraction est donc supérieure à la seconde.

II. *Lorsque deux fractions ont des numérateurs égaux entre eux, la plus grande est celle qui a le plus petit dénominateur.*

Soient les fractions $\dfrac{5}{8}$ et $\dfrac{5}{11}$; elles contiennent le même nombre de parties de l'unité, et comme la huitième partie de l'unité est évidemment plus grande que la onzième partie, la fraction $\dfrac{5}{8}$ est plus grande que $\dfrac{5}{11}$.

III. *Si aux deux termes d'une fraction l'on ajoute le même nombre entier, et si l'on considère les deux sommes comme étant les deux termes d'une nouvelle fraction, cette dernière sera plus grande que la fraction donnée.*

Comparons les fractions $\dfrac{5}{8}$ et $\dfrac{5+100}{8+100}$: les deux termes de la seconde sont respectivement égaux aux deux termes de la première, augmentés d'un même nombre entier ; cela posé, écrivons :

$$\frac{5}{8} = 1 - \frac{3}{8},$$

$$\frac{105}{108} = 1 - \frac{3}{108}.$$

Or

$$\frac{3}{8} > \frac{3}{108},$$

donc

$$\frac{5}{8} < \frac{105}{108}.$$

Remarque. Les deux fractions $\frac{3}{8}$ et $\frac{3}{108}$, complémentaires des fractions proposées par rapport à l'unité, ont des numérateurs égaux entre eux; il en sera toujours ainsi : car la différence entre 8 et 5 égale celle des nombres $(8 + 100)$ et $(5 + 100)$, d'après un principe relatif à la soustraction (14).

IV. *Si aux deux termes d'un nombre fractionnaire l'on ajoute le même nombre entier, et si l'on considère les deux sommes comme étant les deux termes d'un nouveau nombre fractionnaire, ce dernier sera plus petit que le premier.*

Prenons les nombres fractionnaires $\frac{8}{5}$ et $\frac{8 + 100}{5 + 100}$.

$$\frac{8}{5} = 1 + \frac{3}{5},$$

$$\frac{108}{105} = 1 + \frac{3}{105}.$$

Or

$$\frac{3}{5} > \frac{3}{105},$$

donc

$$\frac{8}{5} > \frac{108}{105}.$$

Remarque. Considérons maintenant les fractions $\frac{5}{8}$ et $\frac{5 + m}{8 + m}$ et donnons au caractère général m des valeurs numériques de plus en plus grandes, la fraction variable $\frac{5 + m}{8 + m}$ ira croissant et se rapprochera par conséquent de 1, sans jamais l'égaler, car le numérateur sera toujours inférieur au dénominateur, mais on pourra remplacer *m* par un nombre tel que l'excès de 1, sur la fraction correspondante, soit un nombre aussi petit que l'on voudra.

V. *Lorsqu'on multiplie le numérateur d'une fraction donnée par un nombre quelconque, 4 par exemple, et que l'on divise le produit par le dénominateur de la fraction donnée, on obtient une fraction égale à 4 fois la première.*

Soit la fraction $\dfrac{3}{5}$: multipliant le numérateur 3 par 4 et divisant le produit par 5, nous obtiendrons la fraction $\dfrac{3 \times 4}{5}$ qui égale quatre fois la fraction donnée ; en effet la fraction $\dfrac{3}{5}$ se compose d'un nombre de cinquièmes égal à 3, et la fraction $\dfrac{3 \times 4}{5}$ égale un nombre de cinquièmes représenté par 12 ; comme 12 est égal à quatre fois 3, la seconde fraction égale quatre fois la première.

VI. *Lorsqu'on multiplie le dénominateur d'une fraction donnée par un nombre quelconque, 4 par exemple, et que l'on considère le produit comme étant le dénominatenr d'une fraction ayant pour numérateur celui de la fraction donnée, on obtient une fraction qui égale le quart de la première.*

Comparons les fractions $\dfrac{3}{5}$ et $\dfrac{3}{5 \times 4}$. Elles ont des numérateurs égaux entre eux, et le dénominateur de la seconde égale quatre fois celui de la première, *la fraction* $\dfrac{3}{5 \times 4}$ *est égale au quart de la fraction* $\dfrac{3}{5}$.

En effet, partageons l'unité en cinq parties égales, et chaque cinquième en quatre parties égales ; l'unité se trouvera ainsi partagée en vingt parties égales : d'où, le *vingtième* de l'unité est le *quart* du *cinquième* de l'unité.

Cela posé, $\dfrac{1}{20}$ ou $\dfrac{1}{5 \times 4}$ étant le quart de $\dfrac{1}{5}$, la fraction $\dfrac{3}{5 \times 4}$ sera aussi le quart de $\dfrac{3}{5}$; ce qui était à démontrer.

VII. *Lorsqu'on multiplie les deux termes d'une fraction par un même nombre, et que l'on divise les produits obtenus l'un par l'autre, on obtient une fraction égale à la première.*

Considérons les fractions $\dfrac{3}{5}$ et $\dfrac{3 \times 4}{5 \times 4}$, et écrivons la fraction intermédiaire $\dfrac{3 \times 4}{5}$.

On sait que $\dfrac{3}{5}$ est le quart de $\dfrac{3 \times 4}{5}$, et que $\dfrac{3 \times 4}{5 \times 4}$ est aussi le quart de $\dfrac{3 \times 4}{5}$: donc, les deux fractions $\dfrac{3}{5}$ et $\dfrac{3 \times 4}{5 \times 4}$ sont égales entre elles, car chacune d'elles est le quart de la même fraction $\dfrac{3 \times 4}{5}$.

74. — Problème. *Réduire plusieurs fractions données au même dénominateur : en d'autres termes, trouver des fractions respectivement égales aux fractions proposées et ayant des dénominateurs égaux entre eux.*

D'après le théorème précédent, on obtiendra une solution du problème proposé, en multipliant les deux termes de chacune des fractions données par le produit des dénominateurs de toutes les autres, et en écrivant les fractions qui en résulteront.

S'il arrive que l'un des dénominateurs des fractions proposées soit un multiple de chacun des autres, il conviendra de remplacer les fractions données par d'autres fractions équivalentes ayant pour dénominateur commun le multiple reconnu. A cet effet, nous diviserons ce multiple par chacun des autres dénominateurs; nous multiplierons ensuite les quotients obtenus par les numérateurs des fractions correspondantes, et nous considérerons ces différents produits comme représentant les numérateurs de nouvelles fractions ayant pour dénominateur commun le multiple reconnu. Nous conserverons telle qu'elle est la fraction dont le dénominateur a fourni le multiple commun, et le problème sera résolu.

Réduction d'une fraction à une expression plus simple.

75. — Définitions. — I. Une fraction est simplifiable, lorsqu'il existe au moins une autre fraction égale à la première, et dont les termes sont respectivement moins grands que ceux de la première.

II. Une fraction est simplifiée, lorsqu'on a écrit une autre fraction de même valeur que la première, et dont les termes sont respectivement moindres.

III. Une fraction est réduite à sa plus simple expression, lorsqu'on a écrit une autre fraction égale à la première, et dont les termes sont les plus petits possibles.

Autrement, une fraction est réduite à sa plus simple

expression, lorsqu'on a une autre fraction égale à la première, et telle qu'il n'existe pas de troisième fraction de même valeur, dont les deux termes seraient respectivement plus petits que ceux de la deuxième.

IV. Toute fraction réduite à sa plus simple expression, prend le nom de fraction irréductible.

76. — THÉORÈMES. — I. *Lorsqu'une fraction dont les deux termes sont premiers entre eux est égale à une autre fraction, les deux termes de celle-ci sont respectivement les mêmes multiples des termes de la première.*

Soit la fraction $\frac{6}{35}$ égale à une autre $\frac{252}{1470}$, nous aurons

$$\frac{6 \times 1470}{35 \times 1470} = \frac{252 \times 35}{1470 \times 35};$$

d'où

$$6 \times 1470 = 252 \times 35.$$

Cela posé, 6 divisant le nombre 6×1470, doit diviser aussi le nombre égal 252×35; or 6 et 35 sont premiers entre eux; donc 6 est un sous-multiple de 252; ce nombre 252 égale donc un produit de deux facteurs dont l'un est 6; quant à l'autre facteur, il est inutile de le connaître, et il suffit d'en avoir démontré l'existence. Quel qu'il soit, représentons-le par le caractère général m; nous avons donc, $252 = 6 \times m$; et dans l'égalité $6 \times 1470 = 252 \times 35$, nous pouvons remplacer 252 par un produit équivalent $6 \times m$.

Nous avons alors la nouvelle égalité $6 \times 1470 = 6 \times m \times 35$; divisant ses deux membres par 6, il vient $1470 = m \times 35$: donc, les deux termes de la seconde fraction sont des équimultiples des termes correspondants de la première.

II. *Toute fraction dont les deux termes sont premiers entre eux, est une fraction irréductible.*

Car toute fraction égale à la fraction considérée, doit avoir pour termes des équimultiples des termes de la première.

77. — PROBLÈME. *Réduire une fraction à sa plus simple expression.*

Pour obtenir l'unique solution de la question proposée, nous pouvons diviser les termes de la fraction désignée par leur plus grand diviseur commun, et considérer les deux quotients comme étant les termes d'une fraction. Nous avons ainsi une fraction irréductible, car ses deux termes sont premiers entre eux; de plus, elle représente la première réduite à sa plus simple expression. S'il existait, en effet, une *troisième* fraction égale à la *première* qui eût des termes respectivement moins grands que ceux de la *deuxième*, la *troisième* fraction supposée serait aussi égale à la *deuxième;* ce qui est impossible, car celle-ci est irréductible.

78. — THÉORÈMES. — I. *Il existe toujours une fraction irréductible, égale à une fraction donnée.*

Car on peut toujours diviser les deux termes d'une fraction par leur plus grand diviseur commun, et considérer les quotients comme les termes d'une fraction.

II. *Lorsque deux fractions sont égales, les fractions irréductibles correspondantes sont identiques.*

En effet, si les deux fractions irréductibles, qui sont évidemment égales, n'étaient point *identiques*, les deux

termes de la première seraient plus grands ou plus
petits que les deux termes de la seconde, ce qui est
inadmissible ; car alors l'une des deux fractions ne serait
point irréductible, ce qui est contre l'hypothèse.

Réduction des fractions à leur plus simple dénominateur commun.

79. — Dans cette question, on propose d'écrire des
fractions respectivement égales à des fractions données,
et ayant un dénominateur commun le plus simple possible ; nous voulons dire ayant un dénominateur commun
tel, qu'il n'existe pas d'autres fractions égales aux premières, et dont le dénominateur commun serait moins
grand que celui dont nous voulons trouver la valeur.

80. — PREMIER CAS. *Les fractions données sont irréductibles.*

Nous déterminons alors le plus simple multiple des
dénominateurs donnés, et nous substituons aux fractions
proposées d'autres fractions équivalentes, ayant pour
dénominateur commun le plus simple multiple obtenu ;
le problème est alors résolu ; car, les fractions données
étant irréductibles, le dénominateur commun des fractions demandées doit être un multiple de chacun des
dénominateurs primitifs (73). Et, d'un autre côté, le
plus simple multiple commun à ces dénominateurs pouvant évidemment devenir dénominateur commun, doit
être le dénominateur commun le plus petit possible.

Le plus petit dénominateur commun étant obtenu, il

ne nous reste plus qu'à trouver les numérateurs correspondants.

A cet effet, on divise le plus simple multiple que l'on a
obtenu , par chacun des dénominateurs des fractions
données, et l'on multiplie les quotients trouvés par les
numérateurs correspondants. Il ne reste plus alors qu'à
écrire les fractions dont on a obtenu les deux termes.

81. — SECOND CAS. *Les fractions proposées ne sont pas
irréductibles.*

Dans ce cas, on réduit toujours les fractions données
à leur plus simple expression; on opère ensuite comme
dans le cas précédent, et le problème est résolu.

En effet, les fractions qu'on a obtenues sont évidemment
égales aux fractions proposées, puisqu'elles sont égales
aux fractions irréductibles équivalentes aux fractions
données. En outre, elles représentent bien ces dernières
réduites à leur plus simple dénominateur commun, car ce
plus simple dénominateur commun doit être toujours un
multiple commun aux dénominateurs des fractions irréductibles. D'ailleurs, comme nous l'avons remarqué dans
le premier cas, tout multiple commun aux dénominateurs
de ces fractions irréductibles pouvant devenir dénominateur commun, nous aurons le plus simple dénominateur
commun en choisissant le plus simple multiple commun
des dénominateurs des fractions irréductibles.

82. — REMARQUE. Dans quelques cas, il peut devenir
inutile d'écrire les fractions irréductibles correspondantes
aux fractions données : exemple.

Soient les fractions $\dfrac{1}{7}, \dfrac{2}{5 \times 2}, \dfrac{1}{5 \times 2}$.

Les fractions irréductibles correspondantes sont :

$$\frac{1}{7}, \frac{1}{3}, \frac{1}{5 \times 2}.$$

Le produit $2 \times 3 \times 5 \times 7$ représente le plus simple multiple des dénominateurs 7, 3 et 5×2. Le même produit $2 \times 3 \times 5 \times 7$ est encore le plus petit multiple commun aux dénominateurs des fractions données. Cette identité dans les deux produits provient de ce que le facteur 2, commun aux deux termes de la fraction simplifiable $\frac{2}{3 \times 2}$, ne se trouvant plus, il est vrai, dans la fraction $\frac{1}{3}$ qui vient remplacer la fraction $\frac{2}{3 \times 2}$, entre encore comme facteur dans le dénominateur de la fraction $\frac{1}{5 \times 2}$. Quoi qu'il en soit, pour résoudre ce problème avec certitude, il convient de substituer toujours aux fractions données, les fractions irréductibles correspondantes.

OPÉRATIONS SUR LES FRACTIONS ET SUR LES NOMBRES FRACTIONNAIRES.

Addition.

83. — L'*addition* a pour but de trouver un nombre qui se compose exactement de toutes les unités et parties d'unité contenues dans plusieurs nombres donnés.

84. — PREMIER CAS. *Les fractions données ont des dénominateurs égaux entre eux.* On fait la somme des numérateurs, que l'on divise par le dénominateur commun.

Si nous avons, par exemple, à faire la somme des fractions $\frac{3}{7}$ et $\frac{5}{7}$, la première fraction exprime un nombre de *septièmes* représenté par 3, la seconde se compose d'un nombre de *septièmes* égal à 5 : la somme de ces deux fractions doit donc contenir un nombre de *septièmes* représenté par 3 plus 5 ; de là, l'égalité $\frac{3}{7} + \frac{5}{7} = \frac{8}{7}$.

Deuxième cas. *Les fractions données n'ont pas le même dénominateur.* On les réduit au même dénominateur, et on opère ensuite comme dans le premier cas.

Troisième cas. *On donne des entiers joints à des fractions.* Nous pouvons ajouter la somme des entiers à la somme des fractions, ou bien réduire, *à priori*, les entiers en fractions, et faire ensuite la somme des nombres fractionnaires obtenus. Comme vérification, les deux résultats doivent être égaux.

85. — **Exercice.** *Conditions nécessaires et suffisantes pour que la somme de deux fractions irréductibles soit une fraction irréductible.*

Soustraction.

86. — La *soustraction* a pour but, étant donnés la somme de deux nombres et l'un de ces deux nombres, de trouver l'autre.

87. — **Premier cas.** *Lorsque les fractions données ont des dénominateurs égaux entre eux,* on divise la différence des numérateurs par le dénominateur commun.

Second cas. *Lorsque les fractions données ont des déno-*

minateurs inégaux, on réduit les fractions données au même dénominateur, et l'on rentre dans le cas précédent.

Multiplication.

88. — La *multiplication* a pour but de trouver un nombre qui soit composé au moyen du multiplicande, comme le multiplicateur est composé au moyen de l'unité.

89. — PREMIER CAS. *Soit à multiplier* 3 *par* $\frac{4}{5}$. Le multiplicateur $\frac{4}{5}$ égalant quatre fois la cinquième partie de l'unité, d'après la définition, le produit doit égaler quatre fois la cinquième partie du multiplicande. Or la cinquième partie de 3 est égale à $\frac{3}{5}$, et quatre fois cette cinquième partie égalent $\frac{3 \times 4}{5}$: donc *pour obtenir le produit d'un entier par une fraction, on multiplie l'entier par le numérateur et l'on divise le produit par le dénominateur.*

DEUXIÈME CAS. *Soit à multiplier* $\frac{3}{4}$ *par* $\frac{5}{6}$. Répétons le raisonnement que nous venons de faire. Le multiplicateur $\frac{5}{6}$ égalant 5 fois la sixième partie de l'unité, le produit demandé doit égaler cinq fois la sixième partie du multiplicande. Or la sixième partie du multiplicande est égale à $\frac{3}{4 \times 6}$, et cinq fois cette sixième partie égalent $\frac{3 \times 5}{4 \times 6}$: donc *le produit de deux fractions est égal au produit des numérateurs, divisé par celui des dénominateurs.*

TROISIÈME CAS. *On donne des entiers joints à des fractions.* Nous réduisons les entiers en fractions, et nous opérons comme dans le cas précédent ; ou bien nous multiplions les deux parties du multiplicande par chacune des deux parties du multiplicateur : la somme des quatre produits ainsi obtenus doit égaler le nombre trouvé par la première manière d'opérer.

90. — REMARQUES. — I. Dans la multiplication des fractions comme dans le cas des nombres entiers, si l'on intervertit l'ordre des facteurs, les produits sont encore égaux. Ainsi,

$$\frac{3}{4} \times \frac{5}{6} = \frac{5}{6} \times \frac{3}{4}$$

En effet,

$$\frac{3}{4} \times \frac{5}{6} = \frac{3 \times 5}{4 \times 6}$$

et

$$\frac{5}{6} \times \frac{3}{4} = \frac{5 \times 3}{6 \times 4};$$

Or

$$\frac{3 \times 5}{4 \times 6} = \frac{5 \times 3}{6 \times 4},$$

car ces deux fractions ont leurs numérateurs égaux entre eux, ainsi que leurs dénominateurs. Donc

$$\frac{3}{4} \times \frac{5}{6} = \frac{5}{6} \times \frac{3}{4},$$

ce que nous voulions reconnaître.

II. D'après ce qui précède, on obtient évidemment le produit de plus de deux fractions, en divisant le produit de tous les numérateurs par celui de tous les dénominateurs.

III. Lorsqu'on multiplie un entier par une fraction, on obtient un produit plus petit que le multiplicande; et lorsqu'on multiplie une fraction par une fraction, on obtient un produit plus petit que chacun des deux facteurs.

Puissances des fractions.

91. — On appelle *puissance* d'une fraction donnée, le produit composé de plusieurs facteurs égaux à cette fraction.

Ainsi la quatrième puissance de la fraction $\frac{3}{5}$ est égale au produit $\frac{3}{5} \times \frac{3}{5} \times \frac{3}{5} \times \frac{3}{5}$, que l'on écrit $\left(\frac{3}{5}\right)^4$; en outre, la quatrième puissance de la fraction $\frac{3}{5}$ est égale à la quatrième puissance du numérateur, divisée par la quatrième puissance du dénominateur. En effet,

$$\left(\frac{3}{5}\right)^4 = \frac{3}{5} \times \frac{3}{5} \times \frac{3}{5} \times \frac{3}{5} = \frac{3 \times 3 \times 3 \times 3}{5 \times 5 \times 5 \times 5} = \frac{3^4}{5^4}.$$

92. — THÉORÈME. *Les puissances de toute fraction irréductible sont des fractions irréductibles.*

Autrement, les deux termes de la fraction puissance auraient un diviseur premier commun, qui devrait diviser les deux termes de la fraction donnée, ce qui est impossible, puisqu'elle est irréductible. Par exemple, la fraction $\frac{3}{4}$ étant irréductible, la cinquième puissance de $\frac{3}{4}$ qui est égale à $\frac{3^5}{4^5}$ est aussi une fraction irréductible;

car dans la supposition contraire, les deux termes 3^s et 4^s de la fraction $\dfrac{3^s}{4^s}$ auraient un diviseur premier commun qui diviserait aussi 3 et 4 (Théorème IV, page 55), ce qui est impossible, puisque $\dfrac{3}{4}$ est une fraction irréductible.

93. — Problème. *Trouver les* $\dfrac{3}{4}$ *des* $\dfrac{5}{6}$ de 100. Les $\dfrac{5}{6}$ de 100 égalent le nombre $\dfrac{100 \times 5}{6}$; nous avons donc à prendre les $\dfrac{3}{4}$ de $\dfrac{100 \times 5}{6}$, et nous obtenons $\dfrac{100 \times 5 \times 3}{6 \times 4}$, qui représente le nombre cherché.

94. — Exercice. *Conditions nécessaires et suffisantes pour que le produit de deux fractions irréductibles soit une fraction irréductible.*

Division.

95. — La *division* a pour but de trouver un nombre appelé quotient qui, multipliant le diviseur, donne un produit égal au dividende.

96. — Premier cas. *Soit à diviser* 4 *par* $\dfrac{3}{5}$. Le produit du diviseur $\dfrac{3}{5}$ par le quotient cherché, doit égaler le dividende, par définition; de plus le produit du diviseur $\dfrac{3}{5}$ par le quotient est égal au produit du même quotient par $\dfrac{3}{5}$.

Or d'après la multiplication des fractions, le produit

du quotient par $\frac{3}{5}$ égale les $\frac{3}{5}$ du quotient. Les $\frac{3}{5}$ du quotient inconnu égalent donc le dividende 4.

Par conséquent $\frac{1}{5}$ du quotient doit égaler $\frac{4}{3}$, car $\frac{1}{5}$ est le tiers de $\frac{3}{5}$; par suite les $\frac{5}{5}$ du quotient, c'est-à-dire le quotient complet, égalent $\frac{4 \times 5}{3}$.

Ainsi, pour avoir le quotient de la division d'un entier par une fraction, il suffit de multiplier l'entier par la fraction diviseur renversée.

Deuxième cas. *Soit à trouver le quotient de la division d'une fraction par une fraction.* On obtiendra ce quotient en multipliant la fraction dividende par la fraction diviseur renversée. Le raisonnement qui nous conduit à cette conséquence est identique à celui qui a été fait dans le premier cas.

Troisième cas. *On donne des entiers joints à des fractions.* Nous réduisons les entiers en fractions, et nous rentrons ainsi dans le cas précédent.

97. — **Remarque.** Lorsque le diviseur est plus petit que l'unité, le quotient est plus grand que le dividende ; et si le diviseur est plus grand que l'unité, le quotient est plus petit que le dividende. Ces deux propriétés sont faciles à vérifier.

98. — **Exercice.** *Conditions nécessaires et suffisantes pour que le quotient de la division de deux fractions irréductibles soit une fraction irréductible.*

LIVRE QUATRIÈME.

FRACTIONS DÉCIMALES ET NOMBRES DÉCIMAUX.

Définitions et principes.

99. — *On nomme fraction décimale, toute fraction dont le dénominateur est une puissance de* 10.

100. — On a étendu la convention qui sert de base à notre système de numération aux subdivisions de l'unité, de dix en dix fois plus petites; ainsi tout chiffre placé à la droite de celui des unités exprime des *dixièmes* d'unité; tout chiffre placé à la droite de celui des *dixièmes* exprime des *centièmes;* ensuite viennent les *millièmes*, les *dix-millièmes*, les *cent-millièmes*, les *millionièmes*, les *dix-millionièmes*, les *cent-millionièmes*, les *billionièmes*, les *dix-billionièmes*, les *cent-billionièmes*, les *trillionièmes*, etc.

Pour bien reconnaître la place du chiffre des unités, on place une virgule entre ce chiffre et celui qui exprime des *dixièmes*.

La convention que nous venons d'établir permet d'écrire une fraction décimale sous une forme analogue à celle des nombres entiers.

Prenons la fraction décimale $\dfrac{34567}{1000}$, nous aurons évidemment:

$$\frac{34567}{1000} = \frac{34000}{1000} + \frac{500}{1000} + \frac{60}{1000} + \frac{7}{1000} = 34 +$$

$$\frac{5}{10} + \frac{6}{100} + \frac{7}{1000}$$

et d'après la convention qui a été faite, la somme $34 + \frac{5}{10} + \frac{6}{100} + \frac{7}{1000}$ est égale au nombre décimal $34,567$: de là, l'égalité $\frac{34567}{1000} = 34,567$.

Donc pour remplacer une *fraction décimale* par le *nombre décimal* équivalent, il suffit d'écrire le numérateur de la fraction donnée, et de séparer à partir de sa droite, par une virgule, autant de chiffres qu'il y a de zéros au dénominateur de cette fraction.

101. — Pour remplacer un *nombre décimal* par la *fraction décimale* équivalente, il suffit d'écrire le nombre décimal donné, sans virgule, et de considérer l'entier obtenu comme le numérateur d'une fraction ayant pour dénominateur la puissance de 10, marquée par le nombre de chiffres décimaux qui se trouvent dans le nombre décimal donné.

Soit le nombre décimal $34,567$,
nous aurons,

$$34,567 = 34 + 0,5 + 0,06 + 0,007$$

ou bien

$$34 + \frac{5}{10} + \frac{6}{100} + \frac{7}{1000} = \frac{34000}{1000} + \frac{500}{1000} + \frac{60}{1000} +$$

$$\frac{7}{1000} = \frac{34567}{1000};$$

donc $34,567 = \dfrac{54567}{1000}$, ce qui justifie la règle énoncée.

102. — Pour énoncer un nombre décimal écrit, on lit le nombre, abstraction faite de la virgule, en faisant suivre l'énoncé de ce nombre du nom de la dernière subdivision décimale : la valeur du nombre décimal écrit est ainsi exprimée, car on a énoncé la fraction décimale correspondante au nombre décimal donné.

103. — Pour écrire un nombre décimal que l'on dicte sans distinguer la partie entière de la partie décimale et avec l'indication seule de la dernière subdivision décimale de l'unité, il suffit d'écrire le nombre tel qu'il est énoncé, et de placer ensuite une virgule de telle manière que le premier chiffre décimal de droite occupe la place indiquée par la subdivision décimale désignée à la fin de l'énoncé du nombre. Ce nombre décimal écrit ainsi représentera la valeur du nombre décimal dicté, car on a écrit le nombre décimal correspondant à la fraction décimale qui a été dictée.

104. — Lorsqu'on ajoute des zéros à la droite de tout nombre décimal, on obtient un nouveau nombre décimal de même valeur que le premier; car les fractions décimales correspondantes sont égales entre elles.

105. — *Comparaison de deux nombres décimaux différents et composés identiquement des mêmes chiffres.*

Soient les nombres décimaux

$$35,4893 \qquad 3548,93$$

les fractions décimales correspondantes sont :

$$\dfrac{354893}{10000} \qquad \dfrac{354893}{100}.$$

Or la première fraction égale la centième partie de la seconde ; donc le premier nombre décimal 35,4893 égale la centième partie du second 3548,93, ou bien le second vaut cent fois le premier.

Addition.

106. — Prenons les nombres décimaux

$$34,5 \qquad 2,709 \qquad 0,91$$

les fractions correspondantes sont :

$$\frac{345}{10} \qquad \frac{2709}{1000} \qquad \frac{91}{100}.$$

Réduisant ces fractions au même dénominateur, il vient :

$$\frac{34500}{1000} \qquad \frac{2709}{1000} \qquad \frac{910}{1000}$$

la somme de ces trois fractions est égale à la fraction $\frac{38119}{1000}$; donc le nombre décimal 38,119 correspondant à la fraction décimale $\frac{38119}{1000}$, représente la somme des nombres décimaux donnés.

107. — Pour obtenir cette somme, on a additionné les chiffres qui occupent dans les nombres donnés le même rang, par rapport aux virgules. Dans la pratique, nous placerons donc les nombres en colonne verticale, de manière que les virgules se correspondent, et nous opérerons comme dans l'addition des nombres entiers.

Exemple :

$$34,5$$
$$2,709$$
$$0,91$$
$$\overline{38,119}$$

On voit encore que le nombre 38,119, représente la somme demandée ; car il se compose de toutes les unités et parties d'unité contenues dans les nombres décimaux donnés.

Soustraction.

108. — Soit proposé de trouver la différence des nombres 56,034, 2,3428.

Les fractions correspondantes sont :

$$\frac{56034}{1000} \qquad \frac{23428}{10000}$$

ou bien

$$\frac{560340}{10000} \qquad \frac{23428}{10000};$$

leur différence $\dfrac{560340 - 23428}{10000}$ égale $\dfrac{536912}{10000}$.

Le nombre décimal 53,6912 est donc la différence des nombres décimaux donnés.

109. — *Pratique.*

$$56,034$$
$$2,3428$$
$$\overline{53,6912}$$

Multiplication.

110. — Soit à faire le produit des nombres décimaux 34,678 et 2,31. Les fractions décimales correspondantes

sont $\dfrac{34678}{1000}$ et $\dfrac{231}{100}$, leur produit $\dfrac{34678 \times 231}{1000 \times 100}$ est égal à $\dfrac{8010618}{100000}$. Le nombre décimal correspondant 80,10618 est donc le produit des nombres décimaux donnés.

111. — Ainsi, pour avoir le produit de deux nombres décimaux, on fait la multiplication sans avoir égard à la virgule ; et à la droite du produit, on sépare par une virgule autant de chiffres qu'il y a de chiffres décimaux dans les deux facteurs réunis.

Division.

112. — Premier cas. *Division d'un nombre décimal par un nombre décimal, le dividende et le diviseur ayant le même nombre de chiffres décimaux.*

Soit à diviser 328974,36 par 7632,14. Le quotient de la division proposée est égal à celui de la division suivante :

$$
\begin{array}{c|c}
32897436 & 763214 \\
2168876 & 43 + \dfrac{79234}{763214} \\
79234 &
\end{array}
$$

car en multipliant le dividende et le diviseur par 100, le quotient complet de la seconde division égale celui de la première.

Le nombre $43 + \dfrac{79234}{763214}$ représente donc le quotient de la division proposée.

Deuxième cas. *Le diviseur est entier.*

Soit proposé de diviser 2876,545 par 8648. Le dividende exprimant des millièmes, le quotient exprimera aussi des millièmes, ainsi que le reste; donc d'après la division qui suit :

$$\begin{array}{c|c} 2876545 & 8648 \\ 28214 & \\ 22705 & 332 + \dfrac{5409}{8648} \\ 5409 & \end{array}$$

le nombre $0,332 + \dfrac{5,409}{8648}$ sera le quotient demandé.

Troisième cas. *Le dividende contient plus de chiffres décimaux que le diviseur.*

Soit à diviser 94635,478 par 325,8. Le quotient complet de la division proposée égale celui de la division de 946354,78 par 3258; or le quotient de cette dernière division exprime des centièmes, ainsi que le reste; donc d'après la division suivante,

$$\begin{array}{c|c} 94635478 & 3258 \\ 29475 & \\ 15347 & 29047 + \dfrac{352}{3258} \\ 23158 & \\ 352 & \end{array}$$

le nombre $290,47 + \dfrac{3,52}{3258}$ sera le quotient complet de la division proposée.

Quatrième cas. *Le diviseur a plus de chiffres décimaux que le dividende.*

Soit à diviser 926485,36 par 63,547. Le quotient de la division proposée est égal à celui de la division de

926485,360 par 63,547, et le quotient de cette nouvelle
division égale celui de la division suivante:

$$
\begin{array}{c|c}
926485360 & 63547 \\
291015 & \\
368273 & 14579 + \dfrac{33647}{63547} \\
505386 & \\
605570 & \\
33647 &
\end{array}
$$

par conséquent le nombre $14579 + \dfrac{33647}{63547}$ est le quotient de la division proposée.

113. — Dans la division des nombres décimaux, nous pouvons suivre une marche analogue à celle qui a été indiquée dans les trois autres opérations ; pour cela nous n'avons qu'à remplacer les lettres par des nombres dans les calculs, que nous allons représenter d'une manière générale.

Supposons que $\dfrac{A}{10^m}$ et $\dfrac{B}{10^n}$ représentent les fractions décimales correspondantes aux nombres décimaux donnés : le quotient de la division de $\dfrac{A}{10^m}$ par $\dfrac{B}{10^n}$ est égal à

$$
\frac{A}{10^m} \times \frac{10^n}{B} = \frac{A \times 10^n}{10^m \times B} = \frac{A \times 10^n}{B \times 10^m} = \frac{A}{B} \times \frac{10^n}{10^m}.
$$

Le nombre $\dfrac{A}{B} \times \dfrac{10^n}{10^m}$ représente le quotient de la division de $\dfrac{A}{10^m}$ par $\dfrac{B}{10^n}$, quelles que soient les valeurs particulières substituées aux caractères généraux A, B, m et n. Cela posé, faisons trois hypothèses :

1° Supposons m plus grand que n : nous aurons l'inégalité $m > n$; m étant supérieur à n, représentons par k l'excès de m sur n, il vient alors $m = n + k$, et si dans le quotient général nous remplaçons m par $n + k$, nous aurons :

$$\frac{A}{B} \times \frac{10^n}{10^m} = \frac{A}{B} \times \frac{10^n}{10^{n+k}} = \frac{A}{B} \times \frac{10^n}{10^n \times 10^k} = \frac{A}{B} \times \frac{1}{10^k}.$$

2° $m = n$. Alors $\dfrac{A}{B} \times \dfrac{10^n}{10^m}$ devient $\dfrac{A}{B} \times \dfrac{10^n}{10^n} = \dfrac{A}{B}.$

3° $m < n$. Posons $n = m + k$, nous aurons

$$\frac{A}{B} \times \frac{10^n}{10^m} = \frac{A}{B} \times \frac{10^{m+k}}{10^m} = \frac{A}{B} \times \frac{10^m \times 10^k}{10^m} = \frac{A}{B} \times 10^k.$$

Les trois hypothèses $m > n$, $m = n$, $m < n$, établissent que le dividende a successivement *plus*, *autant*, ou *moins* de chiffres décimaux que le diviseur.

Réduction d'une fraction ordinaire en décimales.

114. — Réduire une fraction ordinaire en décimales c'est, en d'autres termes, *trouver un nombre décimal égal à la fraction ordinaire.*

Dans ce qui va suivre, nous prendrons une fraction irréductible.

115. — *Condition nécessaire et suffisante pour que le problème soit possible.*

Lorsqu'une fraction égale une fraction irréductible, les deux termes de cette fraction sont toujours des équimultiples des termes correspondants de la fraction irréductible donnée; donc, en supposant qu'une fraction décimale soit équivalente à la fraction irréductible donnée, le dénominateur de la fraction décimale qui est une puissance de 1o, doit être divisible par le dénominateur de la fraction donnée. D'où il suit que ce dénominateur ne doit pas contenir d'autres facteurs premiers que 2 et 5 ; car autrement, s'il renfermait le facteur premier 3 par exemple, ce nombre 3 devrait diviser une certaine puissance de 10, ce qui est inadmissible, puisque 3 est premier avec chacun des facteurs 2 et 5, qui seuls peuvent constituer une puissance de 10.

Cela posé, lorsque le dénominateur de la fraction irréductible ne contient pas d'autres facteurs premiers que 2 et 5, il existera toujours une fraction décimale égale à la fraction donnée; car en multipliant les deux termes de cette fraction par une puissance de 2 ou de 5, choisie de telle manière que le dénominateur de la fraction qui en résulte soit une puissance de 10, nous obtiendrons une fraction décimale égale à la fraction donnée.

116. — PROBLÈME. *Réduire une fraction ordinaire en décimales, lorsque le dénominateur de la fraction irréductible donnée ne contient pas d'autres facteurs premiers que 2 et 5.*

Non-seulement la deuxième partie du lemme qui précède a démontré l'existence du nombre décimal qui est égal à la fraction ordinaire donnée, mais encore le calcul indiqué fournit la fraction décimale elle-même. Soit la fraction $\dfrac{9}{2 \times 5^2}$, et multiplions ses deux termes par 2 il vient :

$$\frac{9}{2 \times 5^2} = \frac{9 \times 2}{2^2 \times 5^2} = \frac{18}{100} = 0,18.$$

Nous voyons, en outre, que le nombre des chiffres décimaux du nombre décimal correspondant à la fraction décimale obtenue, est égal au plus fort des exposants des facteurs 2 ou 5 qui entrent dans le dénominateur de la fraction donnée.

117. — *Autre manière.* La fraction $\dfrac{9}{2 \times 5^2} = \dfrac{9}{50}$; la fraction $\dfrac{9}{50}$ exprime les $\dfrac{9}{50}$ de l'unité, ou bien le cinquantième de 9 unités.

Or 9 unités valent 90 dixièmes d'unité ; le cinquantième de 90 dixièmes est 1 dixième, plus le cinquantième de 40 dixièmes.

Mais 40 dixièmes égalent 400 centièmes ; le cinquantième de 400 centièmes est 8 centièmes.

Les quotients que nous venons d'écrire sont indiqués par la division,

$$\begin{array}{r|l} 90 & 50 \\ 400 & \overline{0,18} \\ 0 & \end{array}$$

Résumé : $\dfrac{9}{50} = \dfrac{90 \text{ dixièmes}}{50} = 1$ dixième $+$ $\dfrac{40 \text{ dixièmes}}{50} = 1$ dixième $+ \dfrac{400 \text{ centièmes}}{50} = 1$ dixième $+ 8$ centièmes $= 0,18$.

118. — Remarque. Lorsqu'on propose de convertir en décimales une fraction irréductible dont le dénomina-

teur renferme d'autres facteurs premiers que 2 et 5., on demande de trouver *le plus grand nombre de dixièmes, de centièmes, de millièmes, etc., qui se trouvent dans la fraction donnée.*

PROBLÈME. *Déterminer le plus grand nombre de dixièmes, de centièmes, etc., renfermés dans une fraction irréductible, dont le dénominateur contient d'autres facteurs premiers que 2 et 5.*

Soit la fraction $\dfrac{23}{5 \times 7} = \dfrac{23}{35}$. Les $\dfrac{23}{35}$ de l'unité égalent le trente-cinquième de 23 unités. Or 23 unités valent 230 dixièmes; le trente-cinquième de 230 dixièmes égale 6 dixièmes, plus le trente-cinquième de 20 dixièmes.

Mais 20 dixièmes valent 200 centièmes; le trente-cinquième de 200 centièmes égale 5 centièmes, plus le trente-cinquième de 25 centièmes.

Et 25 centièmes valent 250 millièmes; le trente-cinquième de 250 millièmes égale 7 millièmes, plus le trente-cinquième de 5 millièmes; ainsi de suite.

Les différents quotients que nous venons d'obtenir sont fournis par la division suivante :

$$
\begin{array}{c|l}
230 & 35 \\
200 & 0{,}657 \\
250 & \\
5 & \\
\end{array}
$$

Résumé : $\dfrac{23}{35} = \dfrac{230 \text{ dixièmes}}{35} = 6 \text{ dixièmes} +$

$\dfrac{20 \text{ dixièmes}}{35} = 6 \text{ dixièmes} + \dfrac{200 \text{ centièmes}}{35} = 6 \text{ dixièmes}$

$$+ \ 5 \text{ centièmes} + \frac{25 \text{ centièmes}}{35} = 6 \text{ dixièmes} + 5 \text{ cen-}$$

$$\text{tièmes} + \frac{250 \text{ millièmes}}{35} = 6 \text{ dixièmes} + 5 \text{ centièmes} +$$

$$7 \text{ millièmes} + \frac{5 \text{ millièmes}}{35} = 0,65_7 + \frac{5 \text{ millièmes}}{35}.$$

119. — REMARQUE. D'après ce qui précède, à chaque division partielle que l'on effectue, l'excès de la fraction donnée sur le nombre décimal obtenu au quotient, est inférieur à l'unité décimale de l'ordre indiqué par le dernier chiffre écrit au quotient.

120. — Nous venons d'opérer sur deux exemples qui conduisent à des résultats essentiellement différents; dans le premier, après avoir trouvé le plus grand nombre de centièmes contenus dans la fraction donnée, le reste correspondant a été zéro.

Dans le second exemple, nous avons écrit pareillement le plus grand nombre de millièmes contenus dans la fraction donnée; or non-seulement le reste correspondant à la dernière division qui a été faite est différent de zéro, mais encore il a été démontré qu'en continuant à faire des divisions partielles et en poussant leur nombre aussi loin qu'on voudra, on ne parviendra jamais à un reste nul; car autrement un nombre décimal égalerait la fraction particulière donnée, ce qui est impossible.

Mais le diviseur est un nombre déterminé et invariable dans le courant des divisions partielles que l'on effectue; en outre, chaque dividende partiel se compose du reste de la division précédente, suivi d'un zéro : il en résulte qu'après avoir effectué, à partir du dividende exprimant des dixièmes, un nombre de divisions partielles dont la limite supérieure égale le nombre d'unités, moins une, qui composent le diviseur, on sera certain d'avoir un reste déjà trouvé. Alors, ajoutant un zéro à la droite de ce reste pour avoir le dividende partiel suivant, on formera un dividende déjà obtenu : partant, la division de ce dernier dividende par le diviseur constant, nous donnera pour quotient un chiffre identique à celui qui a été fourni dans la division déjà faite de ce même dividende obtenu une première fois, par le diviseur constant.

A partir de ce chiffre du quotient, et en supposant que les divisions partielles soient continuées, nous retrouverons évidemment, et dans le même ordre, tous les chiffres du quotient qui sont compris entre le chiffre qui a été le premier à se reproduire et ce même chiffre reproduit. Parvenus à ce point, nous pourrons, sans faire les divisions successives, copier les chiffres que nous venons d'écrire en dernier lieu, autant de fois qu'il nous plaira, sans jamais avoir le quotient complet.

La division qui vient de nous occuper donne naissance à un nombre décimal d'une nouvelle nature, qu'on appelle *nombre décimal périodique.*

Nombres décimaux périodiques.

121. — Un nombre décimal périodique est un nombre décimal dans lequel *un* ou *plusieurs* chiffres se reproduisent dans le même ordre et indéfiniment.

L'ensemble des chiffres qui se reproduisent forme la *période.*

Lorsque la période commence immédiatement après la virgule, on a un nombre décimal *périodique simple*.

On appelle *nombre décimal périodique mixte*, tout nombre décimal périodique dans lequel la période ne commence pas immédiatement après la virgule.

Le nombre formé par l'ensemble des chiffres compris entre la virgule et la première période, représente *la partie irrégulière* ou *la partie décimale non périodique*.

La fraction ordinaire qui, convertie en décimales, reproduit successivement les chiffres du nombre décimal périodique donné en aussi grand nombre que l'on voudra, est appelée *fraction génératrice du nombre décimal périodique*.

Conversion des nombres décimaux périodiques en fractions ordinaires.

122.— La question proposée revient à celle-ci : *trouver la fraction génératrice d'un nombre décimal périodique*.

1° Considérons un nombre décimal périodique simple moindre que l'unité.

Soit 0,2727272727.....................

Écrivons l'égalité $0{,}272727 = \dfrac{272727}{1000000}$.

Le nombre décimal 0,272727 contient six chiffres décimaux, et sa partie décimale se compose de trois fois la période 27 du nombre décimal périodique donné.

Multipliant par 100 les deux membres de l'égalité qui précède, il vient :

$$27{,}2727 = \dfrac{272727}{1000000} \times 100.$$

Nota. Nous avons pris 100 afin d'avoir pour multiplicateur une puissance de 10, dont le degré soit marqué par le nombre de chiffres qui composent la période.

Retranchant ces deux égalités, membre à membre, nous aurons

$$27 - \frac{27}{1000000} = \frac{272727}{1000000} \times 99$$

ou bien

$$27 - \frac{27}{10^{2 \times 3}} = \frac{272727}{1000000} \times 99.$$

Divisons par 99 les deux membres de l'égalité que nous venons d'écrire, il vient :

$$\frac{27}{99} - \frac{27}{10^{2 \times 3} \times 99} = \frac{272727}{1000000}$$

ou bien

$$\frac{27}{99} - \frac{27}{99} \times \frac{1}{10^{2 \times 3}} = \frac{272727}{1000000}$$

ou bien encore

$$\frac{27}{99} = \frac{272727}{1000000} + \frac{27}{99} \times \frac{1}{10^{2 \times 3}},$$

et par conséquent

$$\frac{27}{99} - \frac{272727}{1000000} = \frac{27}{99} \times \frac{1}{10^{2 \times 3}}.$$

Cette dernière égalité prouve que *l'excès de* $\dfrac{27}{99}$ *sur* $\dfrac{272727}{1000000}$ *est égal aux* $\dfrac{27}{99}$ *de la fraction* $\dfrac{1}{10^{2 \times 3}}$.

Si au lieu de considérer 0,272727, nous eussions pris le nombre 0,27272727, après avoir fait des calculs semblables à ceux qui précèdent, on aurait obtenu l'égalité

$$\frac{27}{99} - \frac{27272727}{100000000} = \frac{27}{99} \times \frac{1}{10^{2\times 4}};$$

d'où *l'excès de* $\dfrac{27}{99}$ *sur la fraction* $\dfrac{27272727}{100000000}$ *est égal aux* $\dfrac{27}{99}$ *de la fraction* $\dfrac{1}{10^{2\times 4}}$.

123. — Généralement, si nous considérons le nombre décimal $0,27,\ldots\overset{n}{\ldots}\ldots 27$ dont la partie décimale se compose de n fois la période 27 du nombre décimal périodique donné, et si nous faisons des calculs analogues, nous parviendrons à l'égalité suivante :

$$\frac{27}{99} - \frac{27\overset{n}{\ldots\ldots}27}{\underset{2n}{10\ldots\ldots\; 0}} = \frac{27}{99} \times \frac{1}{10^{2n}}.$$

Dans la fraction $\dfrac{27\ldots\ldots 27}{\underset{2n}{10\ldots\ldots\; 0}}$, l'expression $27\ldots\overset{n}{\ldots}\ldots 27$ exprime que le numérateur se compose de n périodes égales à 27, et l'expression $\underset{2n}{10\ldots\ldots 0}$ signifie que le dénominateur égale la $2n^{\text{ième}}$ puissance de 10.

Remplaçant la fraction décimale $\dfrac{27\ldots\overset{n}{\ldots}\ldots 27}{\underset{2n}{10\ldots\ldots\; 0}}$ par le nombre décimal équivalent $0,27\ldots\overset{n}{\ldots}\ldots,27$, il vient,

$$\frac{27}{99} - 0,27\ldots\overset{n}{\ldots}\ldots 27 = \frac{27}{99} \times \frac{1}{10^{2n}}.$$

Cette dernière égalité prouve que *l'excès de la fraction*

$\frac{27}{99}$ sur le nombre décimal $0,27\ldots\overset{n}{\ldots}27$ *est égal aux* $\frac{27}{99}$ *de la subdivision décimale de l'unité, représentée par la fraction* $\frac{1}{10^{2n}}$. Cela posé, n augmentant $\frac{1}{10^{2n}}$ diminue : en outre, si l'on donne à n une valeur numérique telle que $\frac{1}{10^{2n}}$ soit inférieur à tout nombre assigné, aussi petit que l'on voudra, l'excès de $\frac{27}{99}$ sur le nombre décimal $0,27\ldots\overset{n}{\ldots}27$, variable avec n, s'approchera indéfiniment *de zéro*; ce que l'on exprime en disant que $\frac{27}{99}$ est la limite du nombre décimal variable $0,27\ldots\overset{n}{\ldots}27$ qui croît avec le nombre des périodes.

124. — L'égalité $\frac{27}{99} - \frac{272727}{1000000} = \frac{27}{99} \times \frac{1}{1000000}$ ou bien, $\frac{27}{99} = 0,272727 + \frac{27}{99} \times \frac{1}{1000000}$ démontre que $0,272727$ exprime le plus grand nombre de *millionièmes* contenus dans $\frac{27}{99}$; car $\frac{27}{99} \times \frac{1}{1000000}$ est inférieur à un *millionième*.

Généralement l'égalité $\frac{27}{99} = 0,27\ldots\overset{n}{\ldots}27 + \frac{27}{99} \times \frac{1}{10^{2n}}$ prouve que $0,27\ldots\overset{n}{\ldots}27$ représente le plus grand multiple de $\frac{1}{10^{2n}}$ contenu dans $\frac{27}{99}$. Cela posé, la fraction $\frac{27}{99}$ convertie en décimales, reproduira le nombre décimal périodique simple $0,27272727\ldots\ldots$

La fraction $\frac{27}{99}$ est donc la génératrice du nombre décimal périodique simple 0,272727.......

D'après ce qui précède, *nous aurons la fraction génératrice d'un nombre décimal périodique simple, moindre que l'unité, en écrivant une fraction ayant pour numérateur la période, et pour dénominateur un nombre composé d'autant de chiffres égaux à 9 qu'il y a de chiffres dans la période.*

125. — THÉORÈME. *Lorsqu'on réduit en décimales deux fractions inégales, moindres que l'unité, les quotients obtenus ne sauraient être identiques, si l'on augmente suffisamment le nombre des divisions partielles.*

Supposons les fractions données réduites au même dénominateur, 982 par exemple, et représentons les numérateurs inégaux de ces fractions par les caractères généraux a et b; nous aurons alors les fractions $\frac{a}{982}$ et $\frac{b}{982}$. Les deux numérateurs a et b étant des nombres entiers, le minimum de la différence des fractions écrites est $\frac{1}{982}$. Or il est toujours facile de trouver une puissance de 10, immédiatement supérieure au dénominateur commun; dans le cas présent, la troisième puissance de 10 surpasse 982. Cela posé, démontrons qu'en convertissant les fractions données en décimales, le nombre des chiffres décimaux communs à partir de la virgule, ne doit pas surpasser *trois* moins *un;* nous avons donc à reconnaître que le chiffre des millièmes ne peut être le même dans les quotients obtenus.

En effet, admettons que nous ayons successivement :

$$\frac{a}{982} = 0,238\,96\ldots\ldots \qquad \text{et} \qquad \frac{b}{982} = 0,238\,79\ldots\ldots$$

Nous pouvons écrire,

$$\frac{a}{982} = 0,238 + m ; \qquad m < 0,001$$

$$\frac{b}{982} = 0,238 + n ; \qquad n < 0,001$$

d'où évidemment $\dfrac{a-b}{982} < 0,001$, conséquence absurde ; en effet *le minimum* de la différence des fractions données étant $\dfrac{1}{982}$, la différence de ces mêmes fractions ne saurait être inférieure à $\dfrac{1}{1000}$, car $\dfrac{1}{1000}$ est plus petit que $\dfrac{1}{982}$.

126. — CONSÉQUENCE. La fraction $\dfrac{3}{11}$, convertie en décimales, donne naissance au nombre décimal périodique simple $0,272727\ldots\ldots$; en outre $\dfrac{27}{99}$ est la fraction génératrice de $0,272727\ldots\ldots$: donc les fractions $\dfrac{3}{11}$ et $\dfrac{27}{99}$ doivent être égales ; car autrement, réduites en décimales, elles ne produiraient point des nombres décimaux identiques.

127. — PROBLÈME. *Trouver la fraction génératrice d'un nombre décimal périodique mixte.*

Le raisonnement étant analogue à celui qui a été fait

pour la recherche de la génératrice d'un nombre décimal périodique simple, nous allons simplement effectuer les calculs.

Soit le nombre décimal périodique mixte,

$$0{,}346272727\ldots\ldots$$

Écrivons $0{,}346272727 = \dfrac{346272727}{1000000000} \qquad (1).$

Multiplions successivement les deux membres de l'égalité (1) par 100000 et par 1000, c'est-à-dire par deux puissances de 10 qui nous permettent de porter d'abord la virgule à la droite de la première période, et ensuite à la gauche de cette même période, nous aurons :

$$34627{,}2727 = \frac{346272727}{1000000000} \times 100000$$

et

$$346{,}272727 = \frac{346272727}{1000000000} \times 1000.$$

Retranchant ces deux égalités membre à membre, il vient

$$34627 - 346 - \frac{27}{10^{2\times3}} = \frac{346272727}{1000000000} \times 99000.$$

Divisant les deux membres de cette dernière égalité par 99000, nous aurons

$$\frac{34627 - 346}{99000} - \frac{27}{10^{2\times3}} \times \frac{1}{99 \times 1000} = \frac{346272727}{1000000000}.$$

Or le terme $\dfrac{27}{10^{2\times3}} \times \dfrac{1}{99 \times 1000}$ est égal à $\dfrac{27}{99} \times \dfrac{1}{10^{3+2\times3}}$; par suite on a :

$$\frac{34627 - 346}{99000} = \frac{346272727}{1000000000} + \frac{27}{99} \times \frac{1}{10^{3+2\times3}}$$

ou bien

$$\frac{34627 - 346}{99000} = 0,346272727 + \frac{27}{99} \times \frac{1}{10^{3+2\times3}}$$

et généralement

$$\frac{34627 - 346}{99000} = 0,34627\ldots\overset{n}{\ldots}27 + \frac{27}{99} \times \frac{1}{10^{3+2n}}.$$

Donc tout nombre décimal périodique mixte a pour génératrice une fraction ayant pour numérateur la différence des parties entières obtenues en transportant successivement la virgule à droite et à gauche de la première période; quant au dénominateur, il est égal à un nombre composé d'autant de chiffres égaux à 9 qu'il y a de chiffres dans la période, suivi d'autant de zéros qu'il y a de chiffres dans la partie décimale non périodique du nombre donné.

DEUXIÈME PARTIE.

LIVRE CINQUIÈME.

SYSTÈME MÉTRIQUE.

Définitions.

128. — Nous avons déjà donné la définition du *rapport* de deux nombres (70) ; en effet, après avoir démontré que le quotient de la division de 4 par 3 est $\frac{4}{3}$,

nous avons ajouté : le quotient $\frac{4}{3}$ ou le nombre qui , multipliant 3, reproduit 4, est aussi appelé *rapport* des nombres 4 et 3.

Donc le *rapport* de deux nombres est le quotient de la division du premier par le second.

En d'autres termes, le *rapport* de deux nombres est un troisième nombre qui, multipliant le second, donne un produit égal au premier.

Dans le rapport $\frac{4}{3}$, le premier nombre 4 est appelé *antécédent* du rapport, et le second nombre 3, *conséquent.*

129. — On appelle nombre *concret* tout nombre qui est composé d'unités dont on désigne l'espèce ; ainsi 23 *mètres* est un nombre *concret*.

Un nombre *complexe* est un nombre *concret* composé d'une ou de plusieurs unités principales et de subdivisions de cette unité : par exemple 35 *degrés* 25 *minutes* 40 *secondes*, est un nombre *complexe*.

130. — La définition de la multiplication des entiers, ainsi que celle des fractions, s'applique aisément a la multiplication d'un nombre *concret* par un nombre *abstrait*, entier ou fractionnaire. Par exemple, si l'on demande le produit de 5 mètres par 4, le multiplicateur 4 se composant de quatre fois 1, le produit doit se composer pareillement de quatre fois le multiplicande 5 mètres ; nous concevons facilement une longueur égale à 5 mètres, plus 5 mètres, plus 5 mètres, plus 5 mètres : la somme de ces quatre longueurs nous donne une longueur unique qui égale quatre fois 5 mètres, ou le produit du nombre *concret* 5 mètres par 4.

Pareillement, le produit de 5 mètres par $\frac{2}{3}$ égale un nombre de mètres représenté par la fraction $\dfrac{5 \times 2}{3}$.

131. — Cela posé, nous appellerons *rapport* de deux quantités *concrètes* de même nature, le nombre *abstrait* qui, multipliant la seconde, donne un produit égal à la première.

Par exemple, le *rapport* des deux nombres *concrets* 20 *mètres* et 5 *mètres* est le nombre *abstrait* 4 qui, multipliant 5 *mètres*, donne un produit égal à 20 *mètres*.

On obtient 4 en divisant 20 par 5.

Pareillement, le *rapport* des nombres *concrets* 20 mètres et 7 *mètres* est le nombre *abstrait* $\frac{20}{7}$, parce que le produit de 7 mètres par $\frac{20}{7}$ est égal à 20 mètres. En effet, pour avoir le produit de 7 mètres par $\frac{20}{7}$, nous n'avons qu'à prendre le septième de 7 mètres qui est évidemment 1 mètre, et à multiplier le nombre *concret* 1 mètre par 20; nous retrouvons ainsi 20 mètres.

132. — On donne le nom de *rapports inverses* l'un de l'autre à deux rapports composés des mêmes termes, mais disposés dans un ordre différent; ainsi $\frac{4}{3}$ et $\frac{3}{4}$ sont deux rapports inverses l'un de l'autre. On peut remarquer que le produit de deux rapports inverses l'un de l'autre est égal à 1.

133. — Le rapport d'une *grandeur* à une autre de même espèce prise pour unité, porte un nom particulier; on l'appelle *mesure* de la première *grandeur*.

Ainsi, la *mesure* d'une *grandeur* est le nombre *abstrait* qui exprime le rapport de cette *grandeur* à une autre *grandeur* de même espèce, que l'on prend pour *unité;* par exemple, le *rapport* de 3 mètres à 1 mètre est 3 : ce nombre *abstrait* 3 représente la mesure de la longueur 3 mètres, le mètre étant considéré comme *unité de mesure.*

Pareillement, en prenant toujours le *mètre* pour *unité,* la *mesure* de $3^m,4$ est le nombre *abstrait* 3,4; car le produit de 1 mètre par 3,4 égale $3^m,4$: et la *mesure* de

3^m,46 est le nombre *abstrait* 3,46 ; car le produit de
1 mètre par 3,46 est égal à 3^m,46.

REMARQUE. L'expression 3^m,4 s'énonce 3 mètres, quatre
dixièmes de mètre, ou bien 34 dixièmes de mètre ; et
le nombre abstrait 3,4 s'énonce en disant 34 dixièmes.
Pareillement pour énoncer 3^m,46, nous dirons 3 mètres
46 centièmes de mètre ; ou bien 346 centièmes de mètre.
Quant au nombre abstrait 3,46, nous l'énonçons en disant 346 centièmes.

134. — On désigne en général par le nom de *système
métrique* un ensemble d'unités dont on se sert pour mesurer les grandeurs.

Dans notre système métrique actuel, qualifié de système *légal*, parce qu'il est le seul reconnu par la loi,
toutes les mesures dérivent du *mètre*, qui est appelé *unité
fondamentale*; et comme les subdivisions de l'unité principale de mesure sont des parties décimales de cette unité,
ce système porte aussi le nom de *système métrique décimal*.

Mesures de longueur.

135. — L'unité *linéaire* ou de longueur est le *mètre*.
Le *mètre* est la *dix-millionième* partie du quart du méridien terrestre qui passe par l'Observatoire de Paris.

136. — Les multiples du mètre sont :

Le *décamètre* ou dix mètres ;
L'*hectomètre* ou cent mètres ;
Le *kilomètre* ou mille mètres ;
Le *myriamètre* ou dix mille mètres.

Les sous-multiples du mètre sont :

Le *décimètre* ou dixième de mètre (*figure ci-après*) ;

Le *centimètre* ou centième de mètre ;

Le *millimètre* ou millième de mètre.

137. — Supposons que le nombre 4,735 soit le rapport d'une certaine longueur au mètre ; la longueur dont il s'agit sera de 4 mètres, 7 décimètres, 3 centimètres, 5 millimètres, ou bien de 4 mètres, 735 millimètres, ou bien encore de 4735 millimètres.

On énonce généralement en mètres les longueurs inférieures à 1000 mètres. Ainsi, au lieu de dire 4 hectomètres, 5 décamètres, 2 mètres, on dit 452 mètres.

138. — Dans les mesures *itinéraires*, on prend le *kilomètre* pour unité ; ainsi, pour énoncer une distance de 50 385 mètres, on dit 50 kilomètres, 385 mètres.

Les mesures de *poste* et les mesures *géographiques* sont énoncées en *myriamètres* et en *kilomètres ;* ainsi, nous dirons 25 myriamètres, 6 kilomètres, 347 mètres, au lieu de 256 347 mètres.

Quand il s'agit, au contraire, de longueurs très-petites, on compte par *millimètres ;* ainsi l'on dit, par exemple, que l'épaisseur d'une glace est de 6 millimètres 5 dixièmes.

Mesures de surface.

139. — L'unité principale est le *mètre carré* ou le carré dont chaque côté a un mètre de longueur.

140. — Ses multiples sont :

Le *décamètre carré*, qui vaut cent mètres carrés ;

L'*hectomètre carré*, qui vaut dix mille mètres carrés ;

Le *kilomètre carré*, qui vaut un million de mètres carrés ;

Le *myriamètre carré*, qui vaut cent millions de mètres carrés.

Les sous-multiples du mètre carré sont :

Le *décimètre carré* ou centième partie du mètre carré ;

Le *centimètre carré* ou dix-millième partie du mètre carré ;

Le *millimètre carré* ou millionième partie du mètre carré.

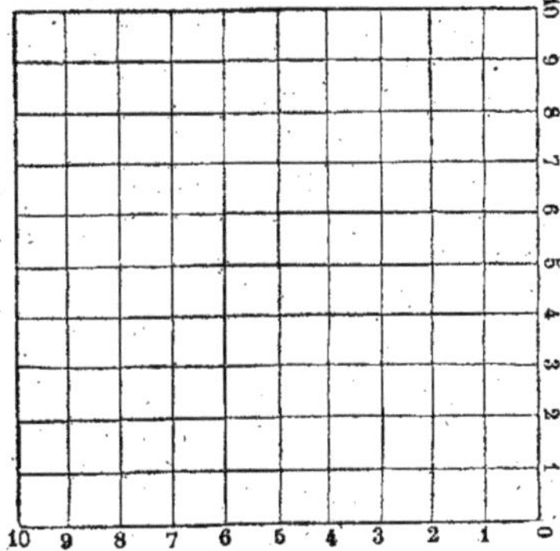

141. — Pour démontrer que le mètre carré vaut cent décimètres carrés, traçons le mètre carré et partageons les deux dimensions de ce carré en dix parties égales ; chacune de ces parties sera un décimètre. Menons actuellement par le premier point de division de la hauteur une parallèle à la base ; nous obtiendrons ainsi un rec-

tangle ayant pour base le mètre, et pour hauteur le décimètre. Si nous traçons maintenant par chaque point de
division de la base une perpendiculaire à cette dernière
ligne jusqu'à ce qu'elle rencontre la parallèle menée par
le premier point de division de la hauteur, nous formerons évidemment dix carrés égaux entre eux ayant chacun
pour côté le décimètre ; le rectangle considéré renfermera
donc dix fois le décimètre carré. Or si par chacun des
autres points de division de la hauteur nous traçons une
parallèle à la base du carré, nous obtiendrons neuf autres
rectangles égaux entre eux et au premier ; chacun de ces
nouveaux rectangles étant égal au premier contiendra
dix fois le décimètre carré ; donc le mètre carré se compose de dix fois dix ou de cent décimètres carrés.

La centième partie du mètre carré est donc le décimètre
carré.

On ferait voir, d'une manière analogue, que le *décimètre carré* se compose de *cent* fois le *centimètre carré* ; la
centième partie du décimètre carré est donc le centimètre
carré.

Pareillement, le *centimètre carré* vaut *cent millimètres
carrés;* par conséquent le millimètre carré représente la
centième partie du centimètre carré.

D'après cela, le *mètre carré* vaut *cent décimètres carrés,*
ou *dix mille centimètres carrés*, ou bien encore *un million*
de *millimètres carrés.*

Remarque. On ne doit pas confondre la dixième partie
du mètre carré avec le décimètre carré ; la dixième partie
du mètre carré est le rectangle qui contient dix fois le
décimètre carré.

142. — APPLICATION. Si le nombre 38,723584 représente le rapport d'une certaine surface au mètre carré, cette surface se composera de 38 mètres carrés plus de 723584 millionièmes de mètre carré, ou bien de 38 mètres carrés, 72 centièmes de mètre carré, 35 dix-millièmes de mètre carré et 84 millionièmes de mètre carré ; et comme nous venons de voir que le centième du mètre carré égale le décimètre carré, que le dix-millième du mètre carré égale le centimètre carré, que le millionième du mètre carré égale le millimètre carré, la surface dont il s'agit se composera de 38 mètres carrés, 72 décimètres carrés, 35 centimètres carrés et 84 millimètres carrés.

143. — Dans les mesures *agraires*, on prend pour unité le *décamètre carré*, qui porte alors le nom d'*are*.

144. — L'*hectare* vaut cent ares.

Le *centiare* est la centième partie de l'are.

145. — On évalue la surface d'un pays en *kilomètres carrés* et en *myriamètres carrés*.

Le *kilomètre carré* vaut *cent* hectomètres carrés, ou *cent* hectares, ou *dix mille* ares, ou un *million* de mètres carrés.

Le *myriamètre carré* vaut *cent* kilomètres carrés, ou *dix mille* hectares, ou un *million* d'ares, ou *cent millions* de mètres carrés.

Mesures de volume.

146. — L'unité principale adoptée pour mesurer les volumes est le *mètre cube ;* c'est un cube dont chaque côté a un mètre de longueur.

147. — Les sous-multiples du mètre cube sont : le *décimètre cube*, le *centimètre cube* et le *millimètre cube*.

Dans l'évaluation des volumes, on n'emploie généralement que le *mètre cube*, le *décimètre cube* et le *centimètre cube*.

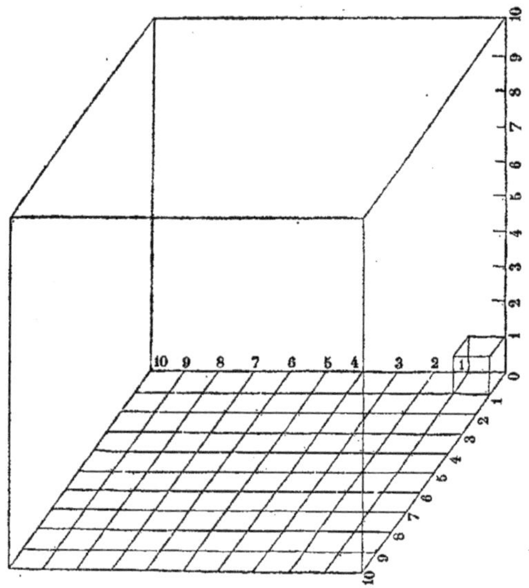

148. — Le mètre cube vaut *mille* décimètres cubes.

En effet, considérons un cube dont le côté soit un mètre, et supposons la base de ce cube, qui est le mètre carré, décomposée en *cent* décimètres carrés ; représentons nous aussi la hauteur du cube partagée en dix parties égales : chacune de ces parties sera égale au décimètre. Menons actuellement par le premier point de division de la hauteur un plan parallèle à la base, et par chacun des sommets des angles de tous les carrés qui composent la base du cube, élevons une perpendiculaire à cette base jusqu'à ce qu'elle rencontre le plan parallèle dont nous venons de parler. Nous formerons ainsi *cent* cubes superposables, ayant chacun pour côté le décimètre. Ce premier solide, qui contient cent décimètres cubes , sera contenu évidemment *dix* fois dans le mètre cube ; par conséquent le mètre cube vaut *dix fois cent* décimètres cubes ou *mille* décimètres cubes.

La *millième partie du mètre cube* est donc le *décimètre cube.*

Nous reconnaîtrions , en raisonnant d'une manière analogue, que le *décimètre cube* contient *mille centimètres cubes.*

Le *centimètre cube* représente donc la *millième partie du décimètre cube* et la *millionième partie du mètre cube.*

Le *centimètre cube* se compose également de *mille millimètres cubes.*

Donc, le *millimètre cube* est égal à la *millième partie du centimètre cube*, à la *millionième partie du décimètre cube*, et à la *billionième partie du mètre cube.*

Remarque. Il résulte de là qu'on ne doit pas confondre le dixième du mètre cube avec le décimètre cube : en effet, le dixième du mètre cube égale *cent fois* le décimètre cube.

149. — Application. Prenons le nombre 4,894678543, et considérons-le comme exprimant le rapport d'un solide au mètre cube. Ce solide se composera de 4 mètres cubes, plus de 894678543 billionièmes de mètre

cube ; or la millième partie du mètre cube égale le décimètre cube, la millionième partie du mètre cube égale le centimètre cube, et la billionième partie du mètre cube égale le millimètre cube : le solide considéré se composéra donc de 4 mètres cubes, 894 décimètres cubes, 678 centimètres cubes, 543 millimètres cubes.

150. — Le mètre cube prend le nom de *stère*, lorsqu'il sert à mesurer les bois de chauffage et de charpente.

Le *décastère* vaut dix stères ; le *décistère* est la dixième partie du stère.

Mesures de capacité.

151. — L'unité principale adoptée pour les mesures de *capacité* est le *litre*, qui équivaut au décimètre cube.

152. — Les multiples du litre sont : le *décalitre* et l'*hectolitre*, qui valent respectivement *dix* litres, *cent* litres.

Les sous-multiples du litre sont : le *décilitre* ou dixième partie du litre, le *centilitre* ou centième partie du litre.

153. — Pour la mesure des liquides on se sert de vases cylindriques en étain ou en fer-blanc ; dans ces vases, la hauteur du cylindre est double du diamètre de la base.

Dans le mesurage des grains, on fait usage de cylindres en bois dont la hauteur est égale au diamètre de la base.

Poids.

154. — L'unité de poids est le *gramme.* Le *gramme*
est le poids, dans le vide, d'un centimètre cube d'eau
distillée ramenée à la température de 4 degrés centi-
grades.

155. — Les multiples du gramme sont : le *décagramme,*
l'*hectogramme,* le *kilogramme* et le *myriagramme,* qui
valent respectivement *dix, cent, mille, dix mille* grammes.

Les subdivisions du gramme sont : le *décigramme,* le
centigramme et le *milligramme,* ou dixième, centième,
millième de gramme.

156. — Le *quintal métrique,* qui vaut cent kilogrammes, sert à évaluer les fortes pesées.

Le *tonneau,* qui vaut mille kilogrammes, ou le poids
d'un mètre cube d'eau distillée, est principalement employé lorsqu'il s'agit du chargement des navires.

REMARQUE. — En réalité le tonneau de mer est la capacité d'un mètre cube : de sorte que pour les marchandises plus légères que l'eau, on prendra moins de *mille*
kilogrammes pour faire un tonneau.

Monnaies.

157. — L'unité monétaire est le *franc.*

Le *franc* est une pièce du poids de cinq grammes,
contenant *les neuf dixièmes* de son poids en argent *pur,*
et l'autre *dixième* en cuivre.

158, — On ne désigne pas d'une manière spéciale les

multiples du franc; on dit simplement *dix* francs, *cent* francs, etc.

Le dixième et le centième du franc ont été nommés *décime* et *centime*.

159. — Les monnaies françaises sont en *or*, en *argent* et en *bronze*.

Les monnaies d'or et d'argent de France contiennent les *neuf dixièmes* de leur poids en or ou en argent pur; l'autre *dixième* est en cuivre; on dit alors que ces monnaies sont au *titre* de 0,9 ou de 900 millièmes, ou encore à 900 millièmes de fin.

Le *titre* est donc le rapport du poids du métal précieux (or ou argent) avec le poids total de l'alliage.

Les monnaies de bronze sont formées de 95 parties de cuivre pur, de 4 d'étain et d'une de zinc.

160. — On fabrique maintenant en France des pièces d'or de 100 francs, de 50 francs, de 20 francs, de 10 francs et de 5 francs.

Les pièces d'argent sont de 5 francs, de 2 francs, de 1 franc, de 50 centimes et de 20 centimes.

Les pièces de bronze valent respectivement 10 centimes, 5 centimes, 2 centimes et 1 centime.

Les poids et les diamètres des monnaies sont indiqués dans le tableau suivant :

DÉNOMINATION des pièces.	POIDS EN grammes.	DIAMÈTRE ou module en millimètres.	TOLÉRANCE en millièmes du poids.
OR.			
francs.	grammes.	millimètres.	millièmes.
100	32,258	35	1
50	16,129	28	2
20	6,45161	21	2
10	3,22580	19	2
5	1,61290	17	3
ARGENT.			
5	25	37	3
2	10	27	3
1	5	23	5
0,50	2,50	18	7
0,20	1	15	10
BRONZE.			
0,10	10	30	10
0,05	5	25	10
0,02	2	20	15
0,01	1	15	15

161. — Il est difficile de fabriquer des pièces qui aient exactement le poids légal ; aussi la loi tolère une petite différence en plus ou en moins sur le poids des pièces, c'est ce qu'on nomme *tolérance du poids.*

La tolérance du poids, pour chaque sorte de pièce, en or, argent et bronze, est indiquée dans le tableau précédent.

La *tolérance du titre*, soit au-dessus, soit au-dessous du titre droit ou exact de 900 millièmes, a été fixée par la loi à 2 millièmes pour les espèces d'or et d'argent.

162. — REMARQUE. On voit à l'aide du même tableau que 4 pièces d'argent de 5 francs ou 10 pièces de 2 francs

pèsent 100 grammes ; que 155 pièces d'or de 20 francs ou 40 pièces d'argent de 5 francs pèsent 1 kilogramme. On trouvera aussi que le poids d'un sac renfermant 1000 francs ou 200 pièces de 5 francs est de 5 kilogrammes.

Enfin, on peut reconnaître aisément que 19 pièces d'argent de 5 francs et 11 de 2 francs, ou 20 pièces d'argent de 2 francs et 20 de 1 franc, placées les unes à la suite des autres forment la longueur du mètre.

Divisions de la circonférence.

163. — La *circonférence* est une ligne courbe fermée, dont tous les points, situés dans un même plan, sont également distants d'un point intérieur appelé *centre*.

La circonférence est divisée en 400 parties égales appelées *grades* ou *degrés centésimaux* ; le grade est partagé en 100 parties égales nommées *minutes ;* la minute vaut 100 *secondes*, etc.

Pour représenter un arc de 28 grades, 59 minutes, 80 secondes, on écrira 28ᵍ 59′ 80″.

ANCIENNES MESURES.

Mesures de longueur.

164. — L'unité de longueur était la *toise.*

La toise valait 6 *pieds ,* le pied 12 *pouces,* le pouce 12 *lignes,* la ligne 12 *points.*

Pour mesurer les étoffes on se servait de l'*aune* qui valait 3 pieds 7 pouces 10 lignes 10 points.

La *lieue de poste* était de 2000 toises ou de 2 *milles ;* la *lieue terrestre* valait 2280^toises, 32888........ et la *lieue marine* 2850^toises, 4111........

Surfaces.

165. — Pour mesurer les surfaces de peu d'étendue, on avait la *toise carrée*, le *pied carré*, le *pouce carré*.

Pour évaluer les surfaces des terrains, on se servait de la *perche* et de l'*arpent*.

La *perche des eaux et forêts* avait 22 pieds de côté, elle contenait 484 pieds carrés.

L'*arpent des eaux et forêts* valait 100 perches de 22 pieds, il contenait 48400 pieds carrés.

La *perche de Paris* avait 18 pieds de côté ; elle contenait 324 pieds carrés.

L'*arpent de Paris* était composé de 100 perches de Paris ; il contenait 32400 pieds carrés ou 900 toises carrées. Cet arpent était donc équivalent à un carré de 30 toises de côté.

Volumes.

166. — Les volumes s'évaluaient en *toises cubes*, en *pieds cubes* et en *pouces cubes*.

Pour mesurer les bois à brûler, on faisait usage de la *corde* des eaux et forêts, et de la *voie*. La voie valait 56 pieds cubes, et la corde valait 2 voies.

La *solive* servait à mesurer les bois de charpente. La solive valait 3 pieds cubes.

La solive se divisait en 6 parties égales nommées *pieds de solive* ; le pied de solive se divisait en 12 *pouces de solive*, et le pouce de solive en 12 *lignes de solive*.

Mesures de capacité.

167. — On se servait pour mesurer les liquides, du *muid* qui contenait 2 *feuillettes;* de la feuillette qui équivalait à 2 *quartauts;* du quartaut qui contenait 9 *setiers;* et du setier, appelé aussi *velte*, qui valait 8 *pintes.*

Le muid valait 288 pintes. Une pinte équivalait à 48 pouces cubes.

Pour les matières sèches, telles que le blé, l'avoine, etc., on se servait du *setier*, du *boisseau* et du *litron.*

Le setier valait 12 boisseaux ; le boisseau 16 litrons. Un litron équivalait à 36 pouces cubes.

Poids.

168. — L'unité de poids était la *livre*, qui valait 2 *marcs;* le marc valait 8 *onces*, l'once 8 *gros*, le gros 3 *deniers*, et le denier, nommé aussi *scrupule*, 24 *grains.*

Cent livres formaient 1 *quintal.*

Monnaies.

169. — L'unité monétaire était la *livre tournois*, qui valait 20 *sous;* un sou valait 4 *liards* ou 12 *deniers.*

Les *monnaies d'or* étaient : le *louis* de 24 livres, le *demi-louis* et le *double louis.*

Les *monnaies d'argent* étaient : l'*écu* de 6 livres, le *petit écu* de 3 livres, et les pièces de 30 sous, de 24 sous, de 15 sous, de 12 sous et de 6 sous.

Les *monnaies de billon* étaient : les pièces de 2 sous et de 6 liards.

Les *monnaies de cuivre* étaient : les pièces de 2 sous, de 1 sou, de 2 liards et de 1 liard.

Les anciennes monnaies d'or et d'argent étaient au titre de $\frac{11}{12}$; ce qui exprime qu'elles contenaient les $\frac{11}{12}$ de leur poids en or ou en argent pur, et $\frac{1}{12}$ en cuivre.

Divisions de la circonférence.

170. — La circonférence était divisée en 360 parties égales nommées *degrés*. Le degré se divisait en 60 *minutes*, la minute en 60 *secondes*, etc. C'est là ce que l'on appelle *l'ancienne subdivision de la circonférence.*

Pour indiquer les degrés, minutes, secondes, on a adopté les signes °, ', ". Ainsi, pour désigner un arc de 30 degrés 25 minutes et 18 secondes, on écrit 30° 25′ 18″.

Cette ancienne subdivision de la circonférence en 360° est celle qui a prévalu.

Relations entre quelques mesures anciennes et les mesures nouvelles qui leur correspondent.

171. — La longueur du quart de la circonférence de la terre est égale à 5130740 toises, et le mètre vaut la dix-millionième partie du quart du méridien terrestre qui passe par l'Observatoire de Paris.

Donc, pour convertir des mètres en toises et réciproquement, nous aurons la relation :

$$10\,000\,000^m = 5\,130\,740^t,$$

d'où

$$1^m = 0^t,513074$$

et

$$1^t = 1^m,949036\ldots\ldots$$

Pour comparer l'aune au mètre, et réciproquement, nous aurons les deux égalités :

$$1^{a} = 1^{m},1884461\ldots\ldots$$
$$1^{m} = 0^{a},8414348\ldots\ldots$$

172. — Si l'on veut évaluer des lieues en kilomètres, et réciproquement, on se servira des égalités :

$$1^{\text{lieue marine.}} = 5^{k},5555\ldots\ldots$$
$$1^{\text{kilom.}} = 0^{\text{lieue marine.}},18$$
$$1^{\text{lieue poste.}} = 3^{k},898\ldots\ldots$$
$$1^{\text{kilom.}} \cdot = 0^{\text{lieue poste.}},256\ldots\ldots$$

Relations entre la toise carrée et le mètre carré, et réciproquement :

$$1^{t.\,c.} = 3^{m.c.},798743633\ldots\ldots$$
$$1^{m.c.} = 0^{t.\,c.},263244929\ldots\ldots$$

Pour les volumes, nous avons les deux égalités :

$$1^{t.\,\text{cube}} = 7^{m.\,\text{cube}},40389034\ldots\ldots$$
$$1^{m.\,\text{cube}} = 0^{t.\,\text{cube}},135064128\ldots\ldots$$

Pour convertir les francs en livres, et réciproquement, nous nous servirons de l'égalité : $80^{f} = 81^{tr}$.

173. — REMARQUE. — La conversion des francs en livres revient à augmenter le nombre des francs de leur $80^{\text{ième}}$ partie, et, pour convertir des livres en francs, on n'a qu'à diminuer le nombre des livres de leur $81^{\text{ième}}$ partie.

174. — Nous allons nous proposer un seul exemple, qui consiste à convertir des degrés en grades et réciproquement.

Nous l'avons déjà dit : la circonférence fut d'abord divisée en 360 parties égales appelées degrés, le degré en 60 minutes et la minute en 60 secondes, etc.

La circonférence fut partagée ensuite en 400 parties égales appelées grades, le grade en 100 minutes, la minute en 100 secondes, etc.

Cela posé, soit à convertir $28°\ 12'\ 43''$ en grades :

$$1° = \frac{10^g}{9}, \qquad \text{donc} \qquad 28° = \frac{280^g}{9};$$

$$1' = \frac{1^g}{54}, \qquad \text{»} \qquad 12' = \frac{2^g}{9};$$

$$1'' = \frac{1^g}{3240}, \qquad \text{»} \qquad 43'' = \frac{43^g}{3240}.$$

Par conséquent, $28°\ 12'\ 43''$ valent :

$$\frac{280^g}{9} + \frac{2^g}{9} + \frac{43^g}{3240},$$

ou bien

$$\frac{100\,800^g}{3240} + \frac{720^g}{3240} + \frac{43^g}{3240} \text{ qui égale } \frac{101\,563^g}{3240}.$$

Or,

$$\frac{101\,563^g}{3240} = 31^g\ 34'\ 66'' + \frac{4''}{81};$$

donc $28°\ 12'\ 43''$ valent $31^g\ 34'\ 66'' + \dfrac{4''}{81}$.

Réciproquement, soit à convertir $31^g\ 34'\ 66'' + \dfrac{4''}{81}$ en degrés.

$$1^g = \frac{9°}{10}, \qquad \text{donc} \qquad 31^g = \frac{279°}{10};$$

$$1' = \frac{9°}{1000}, \qquad \text{»} \qquad 34' = \frac{306°}{1000};$$

$$1'' = \frac{9°}{10000}, \qquad \text{donc} \qquad 66'' = \frac{594°}{100000}.$$

$$\frac{1''}{81} = \frac{1°}{900000}, \qquad » \qquad \frac{4''}{81} = \frac{4°}{900000}.$$

Par conséquent, $31^{\mathrm{g}}\,34'\,66'' + \dfrac{4''}{81}$ valent :

$$\frac{279°}{10} + \frac{306°}{1000} + \frac{594°}{100000} + \frac{4°}{900000} = \frac{25390750°}{900000} =$$

$$28°\,12'\,43'';$$

donc $31^{\mathrm{g}}\,34'\,66'' + \dfrac{4''}{81}$ valent $28°\,12'\,43''$.

Ainsi, $28°\,12'\,43''$ valent $31^{\mathrm{g}}\,34'\,66'' + \dfrac{4''}{81}$, et réciproquement $31^{\mathrm{g}}\,34'\,66'' + \dfrac{4''}{81}$ valent $28°\,12'\,43''$.

LIVRE SIXIÈME.

CARRÉS ET RACINE CARRÉE. — CUBES ET RACINE CUBIQUE.

Carrés

175. — On entend par *carré* d'un nombre, le produit de deux facteurs égaux à ce nombre.

Le carré d'un nombre est donc identique à la deuxième puissance de ce nombre.

176. — *Carrés des neuf premiers nombres.* Les carrés des neuf premiers nombres sont :

$$1, 4, 9, 16, 25, 36, 49, 64, 81.$$

Il est à remarquer que les chiffres 0, 2, 3, 7, 8 ne terminent aucun des carrés des neuf premiers nombres, et que les carrés équidistants des carrés extrêmes, ou bien du carré 25 qui est placé juste au milieu, se terminent par le même chiffre.

177. — Le carré d'un nombre quelconque ne sera jamais terminé par l'un des chiffres 2, 3, 7, 8.

La règle pratique de la multiplication d'un nombre par lui-même, suffit pour démontrer que le carré du nombre considéré et celui du carré du chiffre des unités de ce nombre, se terminent de la même manière.

Donc, le carré d'un nombre entier quelconque ne saurait être terminé par l'un des chiffres 2, 3, 7, 8 ; car autrement le carré de l'un des neuf premiers nombres serait terminé par l'un des chiffres 2, 3, 7, 8, ce qui n'est pas.

178. — *Carré d'une fraction.* On entend par *carré* d'une fraction, le produit de deux fractions égales à la fraction donnée.

Le carré d'une fraction est donc identique à la deuxième puissance de cette fraction.

On obtiendra donc le carré d'une fraction en divisant le carré du numérateur par celui du dénominateur.

179. — *Carrés des neuf premières puissances de 10.* Les neuf premières puissances de 10 étant

$$10, 10^2, 10^3, 10^4, 10^5, 10^6, 10^7, 10^8, 10^9,$$

les carrés des neuf premières puissances de 10, sont :

$$10^2, 10^4, 10^6, 10^8, 10^{10}, 12^{12}, 10^{14}, 10^{16}, 10^{18}.$$

180. — *Carré de la somme de deux nombres.* Le carré de la somme de deux nombres se compose :

Du carré du premier,

Plus du double produit du premier par le second,

Plus du carré du second.

Ainsi, $(3+4)^2 = 3^2 + 3 \times 4 \times 2 + 4^2$; car $(3+4)^2 = (3+4)(3+4)$ et d'après la règle de la multiplication d'une somme par une somme,

$$(3+4)(3+4) = 3^2 + 4 \times 3 + 3 \times 4 + 4^2 = 3^2 + 3 \times 4 \times 2 + 4^2.$$

Remarque. — Lorsque le second nombre est 1, il vient

$$(3+1)^2 = 3^2 + 3 \times 2 + 1,$$

et si de la somme $(3^2 + 3 \times 2 + 1)$ qui égale le carré de 4, nous retranchons 3^2, nous aurons pour reste $(3 \times 2 + 1)$: d'où nous concluons que la différence des carrés de deux nombres consécutifs est égale au *double du plus petit des deux nombres, plus* un.

181. — Nous pouvons profiter de ce qui précède pour former les carrés des nombres successifs à partir de 1.

Si au carré de 1 qui est 1 nous ajoutons $(2 + 1)$ ou 3, nous aurons 4, qui est le carré de 2.

Au nombre 4 ajoutons $(2 \times 2 + 1)$ ou 5, et nous avons 9, qui est le carré de 3,

Au nombre 9 ajoutons encore $(3 \times 2 + 1)$ ou 7, il vient 16, qui est le carré de 4.

Pour obtenir le carré de 5, au nombre 16 ajoutons $(4 \times 2 + 1)$ ou 9, et nous trouvons 25 : ainsi de suite.

182. — *Carré d'un nombre décomposé en ses dizaines et ses unités.* Le carré d'un nombre décomposé en ses dizaines et ses unités renferme par voie d'addition :

Le carré des dizaines,

Le double produit des dizaines par les unités,

Le carré des unités,

Ainsi,

$$328^2 = (320 + 8)^2 = 320^2 + 320 \times 8 \times 2 + 8^2;$$

car

$$(320 + 8)^2 = (320 + 8)(320 + 8) = 320^2 + 8 \times 320 + 320 \times$$
$$8 + 8^2 = 320^2 + 320 \times 8 \times 2 + 8^2.$$

183. — Lorsqu'un nombre est terminé par le chiffre 5, le carré de ce nombre est aussi terminé par le chiffre 5 ; en outre, le chiffre des dizaines de ce carré est 2 : en

effet, soit pris le nombre 345 par exemple, nous aurons :

$$345^2 = (340 + 5)^2 = 340^2 + 340 \times 5 \times 2 + 5^2.$$

Or 340^2 exprime des centaines, c'est-à-dire que ce carré a zéro unité et zéro dizaine.

Pareillement le produit $340 \times 5 \times 2$ exprime des centaines, car 340 est terminé par un zéro, et le produit de ce nombre par 5×2 ou 10 sera terminé par deux zéros. Ainsi en plaçant au-dessous l'un de l'autre les deux nombres 340^2 et $340 \times 5 \times 2$ et en faisant leur somme, nous trouverons zéro unité et zéro dizaine ; si à la somme obtenue nous ajoutons 25 qui est le carré de 5, nous aurons le carré de 345. Donc le chiffre des unités de ce carré sera évidemment 5, et 2 sera celui des dizaines : ce qu'il fallait démontrer.

184. — *Carré d'un produit.* Le carré d'un produit de deux facteurs est égal au produit des carrés de ces facteurs. Ainsi :

$$(24 \times 10)^2 = (24 \times 10)(24 \times 10) = 24 \times 10 \times 24 \times 10 =$$
$$24 \times 24 \times 10 \times 10 = (24 \times 24)(10 \times 10) = 24^2 \times 10^2.$$

Racine carrée.

185. — *La racine carrée* d'un nombre est le nombre dont le carré reproduit le nombre donné.

Ainsi, 8 est la racine carrée de 64 ; car, $8^2 = 64$.

Lorsqu'un nombre entier n'est pas le carré d'un nombre entier, il n'est pas non plus le carré d'un nombre fractionnaire : car, autrement le *carré* ou la *deuxième puissance* d'un nombre fractionnaire, que l'on peut toujours remplacer par un nombre fractionnaire irréductible, égalerait un nombre entier, ce qui est impossible (92).

186. — D'après ce qui précède, lorsqu'on demandera la racine carrée d'un nombre quelconque, le problème ne sera pas toujours possible ; par exemple, il n'existe point de nombre entier dont le carré soit égal à 29, et nous venons de reconnaître qu'il n'existe pas non plus de nombre fractionnaire dont le carré reproduise 29.

Dans ce cas, on recherche une valeur approchée de la racine carrée. Cette valeur approchée consistera d'abord dans la partie entière de la racine carrée, c'est-à-dire dans le plus grand nombre entier renfermé dans cette racine carrée.

187. — Quand un nombre n'est pas le carré d'un nombre entier, sa racine carrée *à moins d'une unité près, par défaut,* est le plus grand nombre entier, dont le carré est inférieur au nombre donné.

La racine carrée d'un nombre *à moins d'une unité près, par excès,* est le plus petit nombre entier dont le carré surpasse le nombre donné.

Par exemple, 6 représente la racine carrée de 40, *à moins d'une unité près, par défaut,* et 7 est la racine carrée de 40, *à moins d'une unité près, par excès.*

188. — Généralement, dans le problème de l'extraction de la racine carrée, nous aurons à trouver le plus grand nombre entier dont le carré est contenu dans le nombre donné.

Si le nombre proposé est un carré, le plus grand nombre entier dont le carré est renfermé dans le nombre donné, sera identique au nombre dont le carré reproduit le nombre donné.

On entend par *reste* de cette opération l'*excès* du nombre donné, sur le plus grand carré qu'il renferme.

189. — Pour mieux suivre le raisonnement qui doit nous conduire à la détermination de la racine carrée d'un nombre, *à moins d'une unité près*, *par défaut*, formons à priori le carré d'un nombre et ajoutons à ce carré, un autre nombre inférieur au double du nombre donné, plus *un*. La somme obtenue sera comprise entre les carrés de deux nombres consécutifs, connus d'avance.

Soit le nombre 468 par exemple :

$$468^2 = (460 + 8)^2 = 460^2 + 460 \times 8 \times 2 + 8^2.$$

Or,

$$460^2 = 211600$$
$$460 \times 8 \times 2 = 7360$$
$$8^2 = 64$$

donc

$$468^2 = 219024$$

Si à ce carré nous ajoutons 838, nombre inférieur à $(468 \times 2 + 1)$, nous obtiendrons la somme 219862 dont nous allons extraire la racine carrée *à moins d'une unité près*, *par défaut*.

Pour abréger, au lieu d'écrire, *racine carrée à moins d'une unité près*, *par défaut*, nous écrirons simplement, *racine carrée*.

190. — THÉORIE. Soit proposé d'extraire la racine carrée du nombre 219862.

Le nombre donné étant supérieur à 100, sa racine carrée contient au moins *une* dizaine, car le carré de 10 est 100. Le nombre donné 219862 se compose donc des trois parties du carré d'un nombre qui a des dizaines, plus du reste de l'opération.

Or, le carré des dizaines donnant un nombre exact de centaines : les dizaines et les unités du nombre considéré n'en font point partie : le carré des dizaines est donc contenu tout entier dans 219800 , et le carré du *nombre* de dizaines est renfermé dans 2198.

Démontrons en outre que la racine carrée de 2198 représente exactement le nombre total des dizaines de la racine carrée de 219862.

Le nombre 2198 étant compris entre les carrés de 46 et de 47 (ainsi qu'il est facile de le vérifier), le nombre 219800 se trouve renfermé entre les carrés de 460 et de 470. De plus, l'excès du carré de 470 sur 219800 étant au moins une centaine, on voit que le carré de 470 surpasse encore 219862, car 62 est inférieur à 100 ; la racine carrée demandée a donc 46 dizaines.

Par conséquent, pour obtenir avec certitude le nombre des dizaines de la racine cherchée, il suffit d'avoir la racine carrée de 2198 , que nous venons de supposer connue.

Ce nombre 2198 étant lui-même supérieur à 100, le raisonnement précédent prouve que la racine carrée de 21 est identique au nombre de dizaines de la racine carrée de 2198.

Mais la racine carrée de 21 est 4, comme l'indique la table de multiplication : donc la racine carrée de 2198 a 4 dizaines. Si du nombre 2198 nous retranchons 1600, carré de 40, la différence 598 sera la somme des deux autres parties du carré, plus du reste de l'opération.

Le double produit des dizaines par les unités exprimant des dizaines, est contenu dans 590 ; et le produit de deux fois ce *nombre* de dizaines par les unités doit se trouver dans 59 ; ce dernier produit contribue donc a former 59 ; nous avons dit *contribue à former*, parce que 59 peut renfermer encore, et renferme en effet, dans notre exemple, un certain nombre de dizaines provenant de la troisième partie du carré, et du reste de l'opération. Donc, en divisant 59 par 8, double de 4, nous trouverons pour quotient le chiffre des unités de la racine partielle que nous extrayons, ou bien un chiffre supérieur à celui des unités : 59 divisé par 8 donne pour quotient 7 ; et ce chiffre 7 sera le chiffre des unités, si le produit $(80 + 7)\,7$ qui égale 87×7 peut être retranché de 598. Or, la soustraction est impossible ; essayons 6 et multiplions $80 + 6$, ou bien 86 par 6, le produit 516 étant contenu dans 598, le nombre 46 est la racine de 2198, et 82 représente le reste de l'opération partielle que nous venons d'effectuer dans le but d'arriver à la racine carrée du nombre proposé.

Il a été démontré que la racine carrée de 2198 représente le nombre total des dizaines de la racine carrée de 219862 : donc, la racine carrée de ce dernier nombre a 46 dizaines. En outre, l'excès de 2198 sur le carré de 46 étant 82, l'excès de 219862 sur le carré de 46 dizaines, ou de 460, doit être 8262 : ce dernier nombre renferme donc exactement, par voie d'addition, les deux autres parties du carré et le reste de l'opération.

En continuant comme nous l'avons expliqué plus haut,

nous aurons à diviser 826 par 46 × 2 qui égale 92. Le quotient 9 est trop fort : prenons 8, qui est bien le chiffre des unités de la racine demandée ; car le produit de (920 + 8) par 8, qui égale 7424, peut être retranché de 8262 : nous obtenons pour différence 838 qui représente le reste de l'opération complète.

191. — RÈGLE. Pour extraire la racine carrée d'un nombre entier 219862, on partage ce nombre en tranches de deux chiffres chacune, en allant de droite à gauche ; la dernière tranche peut n'avoir qu'un seul chiffre. On extrait la racine carrée du plus grand carré contenu dans la première tranche à gauche 21 : cette racine est 4, que l'on écrit à la racine, c'est-à-dire à la droite du nombre donné. On retranche ensuite de la première tranche de gauche le carré 16 de cette racine 4 ; à côté du reste 5, on écrit la tranche suivante 98 : on sépare par un point le premier chiffre de droite 8, et l'on divise le nombre 59 par le double 8 du premier chiffre 4 écrit à la racine : le quotient entier 7 de cette division est le deuxième chiffre de la racine, ou un chiffre plus fort que celui de la racine. Pour essayer ce chiffre 7, on le place à la droite de 8, double du premier chiffre 4 de la racine, et l'on multiplie (80 + 7) ou 87 par 7, le produit ne pouvant être retranché de 598, on essaye 6, qui est le deuxième chiffre de la racine ; car le produit 516 de 86 par 6 est contenu dans 598 ; on retranche alors 516 de 598, et à côté de la différence 82, on écrit la tranche suivante 62 ; on sépare par un point le chiffre des unités ; on divise 826 par 92, double de 46, et l'on obtient 8 pour le chiffre des unités de la racine.

Voici comment on dispose les calculs :

```
√ 21.9 8.62 | 468
    16 0 0  | 8.6 | 92.8
    ─────── | 6   | 8
     5 9.8  | ─── | ───
     5 1 6  | 516 | 7424
    ───────
     8 26.2
     7 42 4
    ───────
       83 8
```

192. — Preuve. Pour faire la preuve de l'opération qui précède, on forme le carré de 468, on y ajoute le reste 838, et la somme obtenue doit reproduire le nombre donné.

193. — Remarques. — I. Soit n un nombre : supposons qu'après avoir effectué les calculs propres à en trouver la racine carrée, nous ayons écrit à la racine un nombre représenté par a, et que nous ayons trouvé pour reste de l'opération qui a été faite un nombre désigné par r : nous pouvons écrire $n = a^2 + r$.

Cela posé, faisons deux hypothèses :

1° $r = 2a + 1$; alors $n = a^2 + 2a + 1 = (a+1)^2$.

L'égalité $n = (a+1)^2$ prouve que le reste obtenu étant égal au double du nombre écrit à la racine, plus *un*, le nombre écrit à la racine est trop faible d'une unité.

2° $r > 2a + 1$. Le reste r étant supérieur au nombre $(2a+1)$, nous pouvons écrire l'égalité $r = 2a + 1 + \delta$; δ étant l'excès de r sur $(2a + 1)$, si dans l'égalité $n = a^2 + r$ nous remplaçons r par une somme équivalente, nous aurons : $n = (a^2 + 2a + 1) + \delta = (a+1)^2 + \delta$; et dans ce cas le nombre écrit à la racine est évidemment trop faible au moins d'une unité.

II. — Reprenons l'égalité $n = a^2 + r$; formons ensuite le carré de $\left(a + \frac{1}{2}\right)$ qui est $\left(a^2 + a + \frac{1}{4}\right)$ nous avons donc les deux égalités :

$$n = a^2 + r,$$
$$\left(a + \frac{1}{2}\right)^2 = a^2 + a + \frac{1}{4}.$$

Cela posé, si r est inférieur au nombre représenté par a, n est aussi inférieur à $\left(a + \frac{1}{2}\right)^2$.

Au contraire, si r est supérieur à a et, par suite, à $\left(a + \frac{1}{4}\right)$, le nombre n surpasse $\left(a + \frac{1}{2}\right)^2$.

194. — THÉORÈME. Lorsqu'un nombre $2a$ est décomposable en la somme des carrés de deux nombres entiers m et n, la moitié a de $2a$ est aussi décomposable en la somme des carrés de deux nombres entiers qui sont $\left(\frac{m + n}{2}\right)$ et $\left(\frac{m - n}{2}\right)$.

En effet :

$$\left(\frac{m + n}{2}\right)^2 + \left(\frac{m - n}{2}\right)^2 = \frac{2\,m^2 + 2\,n^2}{4} = \frac{m^2 + n^2}{2} = \frac{2a}{2} = a.$$

D'ailleurs les deux nombres m et n étant tous deux pairs ou impairs, leur demi-somme $\left(\frac{m + n}{2}\right)$ et leur demi-différence $\left(\frac{m - n}{2}\right)$ sont essentiellement des nombres entiers.

Application. $136 = 100 + 36 = 10^2 + 6^2.$

$$\frac{136}{2} = 68 = \left(\frac{10 + 6}{2}\right)^2 + \left(\frac{10 - 6}{2}\right)^2 = 8^2 + 2^2.$$

193. — RACINES INCOMMENSURABLES. Le nombre 7 est compris entre le carré de 2 qui est 4, et celui de 3 qui est 9 : or, par démonstration , tout nombre qui n'est pas le carré d'un nombre entier, n'est pas non plus le carré d'une fraction.

Ainsi, il n'existe point de nombre entier dont le carré soit égal à 7, et il n'existe pas davantage de nombre fractionnaire dont le carré reproduise 7.

Qu'entend-on alors en arithmétique par la racine carrée de 7? Avant de donner la définition demandée, entrons, pour mieux l'apprécier, dans quelques détails de calcul.

Multiplions et divisons 7 par les puissances successives d'un même carré, 100 par exemple, nous aurons :

$$\frac{7 \times 100}{100} , \frac{7 \times 100^2}{100^2} , \frac{7 \times 100^3}{100^3} , \frac{7 \times 100^4}{100^4} , \text{ etc.}$$

ou bien :

$$\frac{700}{100} , \frac{70000}{100^2} , \frac{7000000}{100^3} , \frac{700000000}{100^4} , \text{ etc.}$$

Or, 700 est compris entre le carré de 26 et celui de 27 ; donc, le carré de la fraction $\frac{26}{10}$ est inférieur à $\frac{700}{100}$, tandis que le carré de $\frac{27}{10}$ est supérieur à $\frac{700}{100}$.

Pareillement , si nous extrayons la racine carrée de 70000, nous trouverons que ce nombre 70000 est compris entre les carrés de 264 et de 265.

La fraction $\frac{70000}{100^2}$ est donc comprise entre les carrés des fractions $\frac{264}{100}$ et $\frac{265}{100}$.

Nous trouverons aussi que la fraction $\dfrac{7000000}{100^3}$ est comprise entre les carrés de $\dfrac{2645}{1000}$ et $\dfrac{2646}{1000}$, ainsi de suite :

En résumé, les carrés des nombres

$$2 \qquad 2,6 \qquad 2,64 \qquad 2,645 \qquad 2,6457, \text{ etc.,}$$

que nous venons d'obtenir sont tous inférieurs à 7.

Cela posé, nous dirons, avec M. Catalan :

La racine carrée de 7 est *la limite des nombres dont les carrés ont 7 pour limite.*

La racine carrée de 7, n'étant ni entière ni fractionnaire, n'a pas de commune mesure avec l'unité, elle est donc *incommensurable*, car tout nombre qui n'a point de commune mesure avec l'unité, est appelé nombre incommensurable.

196. — RACINE CARRÉE DES FRACTIONS. Lorsque les deux termes d'une fraction sont des carrés, on obtient la racine carrée de cette fraction, en divisant la racine carrée du numérateur par celle du dénominateur.

Car, en faisant le carré de la fraction obtenue, on retrouve la fraction donnée.

197. — Lorsque les deux termes d'une fraction irréductible ne sont pas des carrés, la racine carrée de cette fraction n'est ni entière ni fractionnaire ; elle est donc incommensurable.

Car autrement, le carré d'une certaine fraction irréductible égalerait la fraction irréductible donnée, et comme deux fractions irréductibles égales doivent être identiques (78.-II); il en résulterait que les deux termes de la fraction proposée seraient des carrés, ce qui est contraire à l'hypothèse qui a été faite.

198. — *Condition nécessaire et suffisante pour qu'une fraction quelconque soit un carré.*

1° Pour qu'une fraction quelconque soit un carré, il faut que le produit du numérateur de cette fraction par le dénominateur soit un carré.

Soit proposée la fraction $\dfrac{1024}{1600}$, et admettons qu'elle soit le carré d'une autre fraction, $\dfrac{32}{40}$ par exemple :

Nous aurons l'égalité :

$$\frac{1024}{1600} = \frac{32^2}{40^2}\;.$$

d'où

$$\frac{1024 \times 1600}{1600^2} = \frac{32^2}{40^2}$$

ou bien

$$1024 \times 1600 = \frac{32^2 \times 1600^2}{40^2}$$

ou bien encore

$$1024 \times 1600 = \left(\frac{32 \times 1600}{40}\right)^2.$$

Donc, le produit 1024×1600 des deux termes d'une fraction $\dfrac{1024}{1600}$ est nécessairement un carré, lorsque la fraction donnée est le carré d'une autre fraction.

On peut remarquer que l'expression fractionnaire représentée dans cet exemple par $\left(\dfrac{32 \times 1600}{40}\right)^2$ est égale à un nombre entier.

2° Pour qu'une fraction soit un carré, il suffit que le

produit des deux termes de cette fraction soit un carré.

En effet, soit proposée la fraction $\dfrac{1024}{1600}$, et admettons que le produit 1024×1600 soit le carré d'un nombre 1280, par exemple. Nous aurons donc l'égalité :

$$1024 \times 1600 = 1280^2$$

Divisant ses deux membres par 1600^2 il vient :

$$\frac{1024}{1600} = \frac{1280^2}{1600^2}$$

ou bien

$$\frac{1024}{1600} = \left(\frac{1280}{1600}\right)^2$$

la fraction donnée $\dfrac{1024}{1600}$ est donc le carré d'une fraction $\dfrac{1280}{1600}$.

199. — *Racines carrées des nombres commensurables, à moins d'une approximation désignée par une fraction quelconque.*

1° Soit proposé d'extraire la racine carrée de 23, à moins de $\dfrac{1}{10}$ d'unité près.

Cette question consiste à déterminer le plus grand multiple de la fraction $\dfrac{1}{10}$, dont le carré soit contenu dans 23 ; ou ce qui revient au même, à comprendre 23 entre les carrés de deux multiples consécutifs de la fraction $\dfrac{1}{10}$.

Multiplions 23 par le carré du dénominateur 10 ; nous

obtiendrons 2300, dont la racine carrée est 47 : les deux fractions cherchées sont $\dfrac{47}{10}$ et $\dfrac{48}{10}$.

Vérification :

$$\left(\dfrac{47}{10}\right)^2 = \dfrac{47^2}{10^2} = \dfrac{2209}{100} = 22{,}09$$

$$\left(\dfrac{48}{10}\right)^2 = \dfrac{48^2}{10^2} = \dfrac{2304}{100} = 23{,}04$$

Les deux nombres 22,09 et 23,04 comprennent, en effet, le nombre donné 23 : donc, le problème est résolu.

2° Extraire la racine carrée de 23 à moins de $\dfrac{1}{11}$ d'unité près.

La question proposée revient toujours à comprendre le nombre donné 23, entre les carrés de deux multiples consécutifs de la fraction $\dfrac{1}{11}$.

Multiplions 23 par le carré du dénominateur 11 ; nous obtiendrons 2783 dont la racine carrée est 52 ; les deux fractions cherchées sont $\dfrac{52}{11}$ et $\dfrac{53}{11}$.

Vérification :

$$\dfrac{52^2}{11^2} = \dfrac{2704}{121} = 22 + \dfrac{42}{121}$$

$$\dfrac{53^2}{11^2} = \dfrac{2809}{121} = 23 + \dfrac{26}{121}$$

3° Extraire la racine carrée de 23 à moins de $\dfrac{7}{11}$ d'unité près.

Cette troisième question revient toujours à trouver

deux multiples consécutifs de la fraction $\dfrac{7}{11}$, dont les carrés comprennent le nombre donné 23.

Multiplions 23 par le carré de la fraction $\dfrac{7}{11}$ renversée c'est-à-dire par le carré de $\dfrac{11}{7}$, nous aurons :

$$23 \times \dfrac{11^2}{7^2} = \dfrac{23 \times 11^2}{7^2} = \dfrac{23 \times 121}{49} = \dfrac{2783}{49} = 56 + \dfrac{39}{49}.$$

Or, la racine carrée de $56 + \dfrac{39}{49}$ à moins d'une unité près par défaut, est égale à la racine carrée de la partie entière 56, à moins d'une unité près par défaut ; en effet :

La racine carrée de 56 étant 7 ; le carré de 8 doit surpasser 56 au moins d'une *unité*, et par conséquent, le carré de 8 surpasse encore $\left(56 + \dfrac{39}{49}\right)$, nombre supérieur à 56 de moins d'une unité, car $\dfrac{39}{49}$ est inférieur à 1.

Les fractions cherchées sont $\dfrac{7 \times 7}{11}$ et $\dfrac{7 \times 8}{11}$.

Vérification :

$$\dfrac{7^2 \times 7^2}{11^2} = \dfrac{2401}{121} = 19 + \dfrac{102}{121},$$

$$\dfrac{7^2 \times 8^2}{11^2} = \dfrac{3136}{121} = 25 \times \dfrac{111}{121}.$$

Les deux nombres $\left(19 + \dfrac{102}{121}\right)$ et $\left(25 + \dfrac{111}{121}\right)$ comprennent bien le nombre donné 23.

200. — Si l'on nous donne des fractions, nous pourrons, en suivant une marche analogue, résoudre les trois questions suivantes :

Calculer

$$\sqrt{\dfrac{19}{31}} \text{ à moins de } \dfrac{1}{10} \text{ près.}$$

$$\sqrt{\dfrac{19}{31}} \text{ à moins de } \dfrac{1}{11} \text{ près.}$$

$$\sqrt{\dfrac{19}{31}} \text{ à moins de } \dfrac{7}{11} \text{ près.}$$

Remarque. Si l'on nous propose des questions de même nature, en considérant des nombres décimaux, nous n'aurons qu'à remplacer ces nombres décimaux par les fractions décimales correspondantes, et nous rentrerons dans l'un des cas considérés précédemment.

201. — On entend par *cube* d'un nombre, le produit de trois facteurs égaux à ce nombre.

Le *cube* d'un nombre est donc identique à la *troisième puissance* de ce nombre.

202. — *Cubes des neuf premiers nombres.* Les cubes des neuf premiers nombres, sont :

$$1,\ 8,\ 27,\ 64,\ 125,\ 216,\ 343,\ 512,\ 729.$$

203. — *Cube d'une fraction.* Le *cube* d'une fraction est le produit de trois fractions égales à la fraction donnée.

Le *cube* d'une fraction est donc identique à la *troisième puissance* de cette fraction.

On obtiendra donc le *cube* d'une fraction, en divisant le *cube* du numérateur par celui du dénominateur.

204. — *Cubes des neuf premières puissances de* 10. Ces *cubes* sont :

$$10^3,\ 10^6,\ 10^9,\ 10^{12},\ 10^{15},\ 10^{18};\ 10^{21},\ 10^{24},\ 10^{27}.$$

205. — *Cube de la somme de deux nombres.* Le cube de la somme de deux nombres se compose :

Du cube du premier ;

· Plus, *de trois fois le produit du carré du premier, par le second,*

Plus, *de trois fois le produit du premier, par le carré du second,*

Plus, *du cube du second.*

Ainsi,

$$(6+8)^3 = (6+8)\,(6+8)\,(6+8) =$$
$$(6+8)^2\,(6+8) = (6^2+6\times 8\times 2+8^2)\,(6+8) =$$
$$6^3+6^2\times 8\times 2+8^2\times 6+6^2\times 8+6\times 8^2\times 2+8^3 =$$
$$6^3+6^2\times 8\times 3+6\times 8^2\times 3+8^3$$

REMARQUE. — Lorsque le second nombre égale 1, il vient :

$$(6+1)^3 = 6^3+6^2\times 3+6\times 3+1.$$

Et si de la somme $(6^3+6^2\times 3+6\times 3+1)$ nous retranchons 6^3, nous aurons pour reste $(6^2\times 3+6\times 3+1)$. D'où nous concluons que la différence entre le cube de 7 et le cube de 6 égale $(6^2\times 3+6\times 3+1)$.

Généralement la différence entre les cubes de deux nombres consécutifs, égale *trois fois le carré du petit nombre, plus trois fois ce petit nombre, plus un.*

206. — En partant du cube de 1 qui est 1, on peut former les cubes des nombres 2, 3, 4, 5, 6, etc.

Nombres.	Parties des différents cubes.	Cubes.
1	. . . .	1
2	$\left. \begin{array}{c} 1 \\ 3 \\ 4 \end{array} \right\}$	8
3	$\left. \begin{array}{c} 8 \\ 12 \\ 7 \end{array} \right\}$	27
4	$\left. \begin{array}{c} 27 \\ 27 \\ 10 \end{array} \right\}$	64
5	$\left. \begin{array}{c} 64 \\ 48 \\ 13 \end{array} \right\}$	125
	125	
etc.	etc.	etc.

Dans ce tableau on obtient 8, cube de 2, en faisant la somme des nombres 1, 3 et 4,

1 est le cube de 1,

3 égale trois fois le carré de 1,

4 égale trois fois 1, plus 1. Ainsi de suite, pour obtenir 27, 64, 125, etc.

207. — *Cube d'un nombre décomposé en ses dizaines et ses unités.* Le cube d'un nombre décomposé en ses dizaines et ses unités renferme par addition :

Le cube des dizaines,

Trois fois le produit du carré des dizaines par les unités,

Trois fois le produit des dizaines par le carré des unités,

Le cube des unités.

Ainsi :

$$328^3 = (320 + 8)^3 = (320 + 8)(320 + 8)(320 + 8)$$
$$= (320 + 8)^2(320 + 8) = (320^2 + 320 \times 8 \times 2 + 8^2)(320 + 8)$$
$$= 320^3 + 320^2 \times 8 \times 2 + 8^2 \times 320 + 320^2 \times 8 + 320 \times 8^2 \times 2 + 8^3$$
$$= 320^3 + 320^2 \times 8 \times 3 + 320 \times 8^2 \times 3 + 8^3.$$

Ce qu'il fallait démontrer.

208. — *Cube d'un produit.* Le cube d'un produit de deux facteurs est égal au produit des cubes de ces facteurs.

Par exemple,

$$(24 \times 10)^3 = 24^3 \times 10^3,$$

car

$$(24 \times 10)^3 = (24 \times 10)(24 \times 10)(24 \times 10)$$
$$= 24 \times 10 \times 24 \times 10 \times 24 \times 10 = 24 \times 24 \times 24 \times 10 \times 10 \times 10$$
$$= (24 \times 24 \times 24)(10 \times 10 \times 10) = 24^3 \times 10^3.$$

Ce que nous avions à reconnaître.

Racine cubique.

209. — La *racine cubique* d'un nombre est le nombre dont le cube reproduit le nombre donné.

Ainsi, 8 est la racine cubique de 512, car $8^3 = 512$.

Lorsqu'un nombre n'est pas le cube d'un nombre entier, il n'est pas non plus le cube d'un nombre fractionnaire ; car autrement le cube d'un nombre fractionnaire irréductible égalerait le nombre donné, ce qui ne saurait être.

210. — Quand un nombre n'est pas le cube d'un nombre entier, sa racine cubique *à moins d'une unité près par défaut* est le plus grand nombre entier dont le cube est nférieur au nombre donné.

La racine cubique d'un nombre *à moins d'une unité*

près par excès, est le plus petit nombre entier dont le cube surpasse le nombre donné.

Lorsqu'un nombre n'est point un cube, sa racine cubique *à moins d'une unité près par défaut* et sa racine cubique *à moins d'une unité près par excès*, ont donc 1 pour différence.

On appelle reste de l'opération que nous allons faire, l'excès du nombre donné sur le plus grand cube qu'il renferme.

211. — Théorie. Soit proposé d'extraire la racine cubique de 102503232.

Le nombre donné étant supérieur à 1000, sa racine cubique a au moins une dizaine, car $10^3 = 1000$; donc, 102503232 doit se composer des quatre parties du cube d'un nombre qui a des dizaines, plus du reste de l'opération.

Or, le cube des dizaines n'ayant point d'unités inférieures aux mille, doit être renfermé dans les 102503 mille du nombre donné. En outre, la racine cubique de 102503 est identique au nombre complet des dizaines de la racine cubique de 102503232.

En effet, admettons que 46 soit la racine cubique de 102503 ; le cube de 46 étant par hypothèse contenu dans 102503, le cube de 460 est évidemment renfermé dans 102503000, et *à fortiori* dans 102503232. En outre, le cube de 47 étant par hypothèse supérieur à 102503, le cube de 470 est encore plus grand que 102503232.

Donc, pour avoir le nombre exact des dizaines de la racine cherchée, il suffit de trouver la racine cubique de 102503, qui vient d'être supposée connue.

Ce nombre 102503 étant lui-même supérieur à 1000, le raisonnement précédent prouve que la racine cubique de 102 est identique au nombre de dizaines de la racine cubique de 102503.

Or la racine cubique de 102 est 4 ; donc la racine cubique de 102503 a 4 dizaines. Si du nombre 102503 nous retranchons 64000, cube de 40, l'excès 38503 devra être la somme des trois autres parties du cube, plus du reste de l'opération partielle que nous effectuons. Le triple produit du carré des dizaines par les unités, exprimant des centaines, est contenu dans 38500, et ce triple produit du carré des dizaines par les unités, considéré comme exprimant des unités simples, doit être renfermé dans 385. Ce dernier produit *contribue donc à former* 385, et ce nombre 385 peut contenir encore des centaines provenant des deux autres parties du cube et du reste de l'opération.

Donc, si l'on divise ce reste 385 par le triple carré des dizaines, qui est 48, le quotient sera égal ou supérieur au chiffre des unités de la racine de 102503.

Le quotient 8 de cette division est trop grand, car le cube de 48 est supérieur à 102503.

Pareillement, 7 est encore trop fort ; essayons 6, qui est bien le chiffre des unités de la racine cubique de 102503, car le cube de 46 est inférieur à ce nombre 102503.

Mais il a été reconnu que la racine cubique de 102503 représente avec certitude le nombre des dizaines de la racine cubique du nombre proposé 102503232 ; donc, la racine cubique de ce dernier nombre a 46 dizaines ; de plus, l'excès de 102503 sur le cube de 46 étant 5167, l'excès de 102503232 sur le cube de 46 dizaines, ou de 460, doit être évidemment 5167232.

Le nombre 5167232 se compose donc des trois autres parties du cube et du reste de l'opération.

En continuant à opérer d'une manière analogue à celle que nous venons d'indiquer un peu plus haut, nous trouverons que la racine cubique de 102503232 est 468.

212. — RÈGLE. Pour obtenir la racine cubique d'un nombre 102.503.232, nous partagerons ce nombre en tranches de trois chiffres chacune, en commençant par la droite.

Nous séparerons ces tranches par un point.

Extrayons ensuite la racine cubique de la première tranche à gauche 102 ; cette racine cubique est 4 ; nous avons alors le chiffre des centaines de la racine cubique demandée.

Retranchons 64 cube de 4, de 102 et à côté de la différence 38 écrivons la tranche suivante 503, nous avons alors le premier reste partiel 38503. Après avoir séparé par un point les deux premiers chiffres à droite de ce nombre, c'est-à-dire le chiffre des unités et celui des dizaines, divisons 386 par le triple carré de 4, le quotient entier de cette division sera le chiffre des dizaines de la racine totale, ou un chiffre plus fort que celui des dizaines de cette racine totale.

Le quotient de la division indiquée est 8, mais le cube de 48 étant supérieur à 102503, essayons 7 qui est encore trop fort ; écrivons alors 6. Au lieu de faire le cube de 46 pour le retrancher de 102503, nous remarquerons que 38503 représente l'excès de 102505 sur le cube de

4 dizaines ou de 40 ; retranchons alors de 38503 la somme des trois autres parties du cube. Ces trois parties sont :

$$28800, \quad 4320 \quad \text{et} \quad 216.$$

Leur somme 33336 retranchée de 38503 nous fournit le reste 5167. A côté de ce reste écrivons la tranche suivante 232, et divisons enfin 51672 par le triple carré de 46. En continuant comme nous venons de l'expliquer, lorsque nous avons eu à diviser 385 par 48, nous trouverons que la racine demandée est 468.

Dans la pratique, on dispose les calculs de la manière suivante :

$\sqrt[3]{}$ 102.5 03.2 32	468	
64	48 .6	6348 .8
38 5.03	288	50784
33 3 36	432	8832
	216	512
5 1 67 2.32	33336	5167232
5 1 67 2 32		
o pour reste.		

Remarque. Quant aux calculs d'approximation que l'on pourra proposer relativement aux racines cubiques, on suivra une marche analogue à celle qui a été indiquée dans les calculs correspondants aux racines carrées.

LIVRE SEPTIÈME.

APPLICATIONS.

Considérations générales sur les rapports.

213. — Nous avons déjà fait connaître (128 et 131) la définition du rapport de deux nombres *abstraits*, ainsi que la définition du rapport de deux nombres *concrets*.

214. — Dans une égalité de rapports $\frac{3}{6} = \frac{4}{8}$, le premier terme 3 et le dernier 8 s'appellent les *extrèmes* : les termes intermédiaires 6 et 4 s'appellent les *moyens*.

Lorsque dans une égalité de rapports $\frac{3}{6} = \frac{6}{12}$ les moyens sont égaux entre eux, la valeur 6 de chaque moyen est appelée *moyenne proportionnelle* ou *moyenne géométrique* entre les extrèmes 3 et 12.

De l'égalité $\frac{3}{6} = \frac{6}{12}$ on conclut $6^2 = 3 \times 12$. La moyenne proportionnelle ou moyenne géométrique entre les nombres 3 et 12 est donc égale à la racine carrée du produit de ces deux nombres.

215. — Dans une suite de rapports égaux entre eux, la somme des antécédents divisée par celle des consé-

quents, forme un nouveau rapport qui est égal à l'un quelconque des rapports donnés.

Rappelons que le produit d'un rapport par son conséquent, reproduit l'antécédent de ce rapport (n° 70, *remarque 3°*).

Cela posé, considérons les rapports égaux $\frac{6}{9}$, $\frac{8}{12}$ et $\frac{10}{15}$, nous aurons successivement:

$$\frac{6}{9} \times 9 = 6, \quad \frac{8}{12} \times 12 = 8 \text{ et } \frac{10}{15} \times 15 = 10.$$

Si nous remplaçons les rapports $\frac{8}{12}$ et $\frac{10}{15}$ par le rapport égal $\frac{6}{9}$, il viendra:

$$\frac{6}{9} \times 9 = 6, \quad \frac{6}{9} \times 12 = 8 \text{ et } \frac{6}{9} \times 15 = 10;$$

par conséquent,

$$\frac{6}{9}(9 + 12 + 15) = 6 + 8 + 10$$

ou bien

$$\frac{6}{9} = \frac{6 + 8 + 10}{9 + 12 + 15},$$

ce qui était à démontrer.

Des grandeurs directement proportionnelles l'une à l'autre.

216. — Lorsque deux grandeurs d'espèces différentes sont tellement liées par l'énoncé d'un problème, que deux valeurs quelconques de la première ont le même rapport que les valeurs correspondantes de la seconde,

on dit que les deux grandeurs données sont dans un *rapport direct*, ou bien *directement proportionnelles* l'une à l'autre.

Nous allons voir que, lorsque deux grandeurs d'espèces différentes sont tellement liées par l'énoncé d'un problème, que la première devenant double, triple, etc., ou bien deux fois moindre, trois fois moindre, etc., la seconde devient aussi double, triple, etc., ou bien deux fois moindre, trois fois moindre, etc., les deux grandeurs données sont dans un *rapport direct* ou *directement proportionnelles* l'une à l'autre.

EXEMPLE. *10 ouvriers dans de certaines circonstances ont fait 24 mètres d'un ouvrage; on demande combien 20 ouvriers, dans les mêmes circonstances, feront de mètres du même ouvrage.*

Le simple bon sens prouve :

Que si 10 ouvriers font 24 mètres,
20   »   feront 48   »
5   »   »   12   »

Pareillement 3 fois 10 ouvriers feront 3 fois 24 mètres.

Généralement, si nous multiplions le nombre concret 10 ouvriers par un nombre entier quelconque, pour avoir le nombre de mètres que devront faire le nombre d'ouvriers obtenus, il suffira de multiplier 24 mètres par le même nombre entier multiplicateur.

Ainsi donc, les deux grandeurs concrètes 10 ouvriers et 24 mètres sont tellement liées que la première 10 *ouvriers* devenant double, triple, etc., la seconde 24 mètres devient aussi double, triple, etc.

Cela posé, nous allons reconnaître que deux valeurs quelconques attribuées à la première sont dans le même rapport que les valeurs correspondantes de la seconde, et nous aurons alors démontré que les deux grandeurs concrètes 10 *ouvriers* et 24 *mètres* sont dans un rapport direct, ou bien directement proportionnelles l'une à l'autre.

1° 10 *ouvriers ont fait* 24 *mètres;*
Combien 7 *ouvriers en feront-ils?*

Puisque 10 ouvriers ont fait 24 mètres,

1 ouvrier fera $\dfrac{24}{10}$ mètres,

7 ouvriers feront $\dfrac{24 \times 7}{10}$ mètres.

2° 10 *ouvriers ont fait* 24 *mètres;*
Combien 3 *ouvriers en feront-ils?*

Puisque 10 ouvriers ont fait 24 mètres,

1 ouvrier fera $\dfrac{24}{10}$ mètres,

3 ouvriers feront $\dfrac{24 \times 3}{10}$ mètres.

Or le rapport de 7 ouvriers à 3 ouvriers égale $\dfrac{7}{3}$, et le rapport de $\dfrac{24}{10} \times 7$ mètres à $\dfrac{24}{10} \times 3$ mètres, égalant évidemment le rapport de 7 mètres à 3 mètres, est aussi $\dfrac{7}{3}$.

Ainsi, le rapport des deux nombres différents d'ouvriers est égal au rapport *direct* des nombres correspondants de mètres; donc, d'après la définition qui a été donnée, les deux grandeurs concrètes 10 *ouvriers* et 24 *mètres* sont dans un *rapport direct* ou *directement proportionnelles* l'une à l'autre ; ce que nous avions à démontrer.

Des grandeurs inversement proportionnelles l'une à l'autre.

217. — Lorsque deux grandeurs sont tellement liées que deux valeurs quelconques de la première sont dans un rapport inverse de celui des valeurs correspondantes de la seconde, les deux grandeurs données sont elles-mêmes en *rapport inverse* ou *inversement proportionnelles* l'une à l'autre.

Démontrons que si deux grandeurs sont tellement liées que la première devenant double, triple, etc., la seconde devient au contraire deux fois moindre, trois fois moindre, etc., et *vice versâ*, les deux grandeurs données sont en *rapport inverse* ou bien *inversement proportionnelles* l'une à l'autre.

Exemple. *10 ouvriers ont fait un travail en 8 jours, trouver combien 20 ouvriers mettront de jours pour faire le même travail, et dans des circonstances que l'on suppose identiques.*

Le simple bon sens apprend :

Que si 10 ouvriers ont employé 8 jours,
   20 ouvriers emploieront 4 jours,
   5   »   »   16 jours.

Ainsi, les deux grandeurs concrètes 10 *ouvriers* et 8 *jours* sont liées de telle manière que la première, 10 *ouvriers*, devenant double, triple, etc., la seconde,

8 *jours*, devient au contraire deux fois moindre, trois fois moindre, etc.

Cela posé, nous allons reconnaître que deux valeurs quelconques attribuées à la première grandeur concrète sont dans un rapport inverse avec les deux valeurs correspondantes de la seconde, et nous aurons alors démontré que les deux grandeurs concrètes 10 *ouvriers* et 8 *jours* sont dans un rapport inverse, ou bien inversement proportionnelles l'une à l'autre.

1°   10 *ouvriers ont mis 8 jours pour, etc.*

Combien   7 ouvriers mettront-ils de jours pour, etc.?

Puisque 10 ouvriers ont mis   8   jours.
1 ouvrier mettra 8×10 jours.
7 ouvriers mettront $\dfrac{8 \times 10}{7}$ jours.

2°   10 *ouvriers ont mis 8 jours,*

Combien   3 ouvriers mettront-ils de jours?

Si 10 ouvriers ont mis   8 jours.
1 ouvrier mettra 8×10 jours,
3 ouvriers mettront $\dfrac{8 \times 10}{7}$ jours.

Or le rapport de 7 ouvriers à 3 ouvriers égale $\dfrac{7}{3}$ et le rapport du nombre concret $\dfrac{8 \times 10}{7}$ jours à $\dfrac{8 \times 10}{3}$ jours, égale le rapport des deux nombres abstraits $\dfrac{8 \times 10}{7}$ et $\dfrac{8 \times 10}{3}$, égale $\dfrac{3}{7}$.

Ainsi, le rapport des deux nombres différents d'ouvriers est égal au rapport inverse des nombres correspondants de jours; donc les deux grandeurs concrètes

10 ouvriers et 8 jours sont dans un *rapport inverse,* ou *inversement proportionnelles* l'une à l'autre.

Règle de trois.

218. — On donne le nom de *règle de trois simple* à un problème qui renferme trois quantités connues et une inconnue, ces quatre grandeurs, qui sont de même espèce deux à deux, donnant lieu à deux rapports égaux entre eux.

On appelle *règle de trois simple et directe,* celle qui contient des quantités *directement* proportionnelles l'une à l'autre.

PROBLÈME I. *42 mètres d'une certaine étoffe ont coûté 504 francs, que coûteront 25 mètres de la même étoffe au même prix?*

$$42 \text{ m. coûtent.} \ldots \quad 504^f$$
$$1 \text{ m. coûte.} \ldots \quad \frac{504^f}{42}$$
$$25 \text{ m. coûtent.} \ldots \quad \frac{504^f \times 25}{42} = 12^f \times 25 = 300 \text{ fr.}$$

219. — On donne le nom de *règle de trois simple et inverse* à celle qui renferme des quantités *inversement* proportionnelles l'une à l'autre. Exemple :

PROBLÈME II. *20 ouvriers ont fait un ouvrage en 16 jours, combien faudrait-il d'ouvriers pour faire le même ouvrage en 8 jours, dans des circonstances que l'on suppose identiques?*

Pour faire l'ouvrage en 16 j. il a fallu 20 ouvriers.
Pour   »   en 1 j. il faudra 20×16 ouvriers.
Pour   »   en 8 j. » $\dfrac{20 \times 16}{8} = 40 \text{ ouvr.}$

220. — On appelle règle de *trois composée*, le problème qui renferme une inconnue dont le rapport à une grandeur connue de même espèce dépend de plusieurs autres rapports entre des grandeurs concrètes de même espèce, deux à deux. Tel est le problème suivant :

Problème III. *9 hommes travaillant 10 jours et 8 heures par jour, ont fait 280 mètres d'ouvrage; combien en feront 12 hommes travaillant 15 jours et 9 heures par jour, toutes choses égales d'ailleurs?*

9 h. travaillant 10 j. et 8 h. par jour ont fait 280 mètres.

1 h.	»	»	»	»	ferait	$\dfrac{280^{m}}{9}$
1 h.	»	1 j.	»	»	ferait	$\dfrac{280^{m}}{9 \times 10}$
1 h.	»	»	1 h.	»	ferait	$\dfrac{280^{m}}{9 \times 10 \times 8}$
12 h.	»	»	»	»	feraient	$\dfrac{280^{m} \times 12}{9 \times 10 \times 8}$
12 h.	»	15 j.	»	»	feraient	$\dfrac{280^{m} \times 12 \times 15}{9 \times 10 \times 8}$
12 h.	»	»	9 h.	»	feraient	$\dfrac{280^{m} \times 12 \times 15 \times 9}{9 \times 10 \times 8}$

$$= 14^{m} \times 3 \times 15 = 630 \text{ mètres.}$$

221. — **Remarque.** On obtient le nombre 630 en opérant toutes les simplifications qui sont en évidence dans la fraction $\dfrac{280 \times 12 \times 15 \times 9}{9 \times 10 \times 8}$ et que nous allons indiquer.

Barrons 9 au numérateur et au dénominateur; divisons 280 et 10 par 10, en effaçant le 0 au moyen d'un petit trait; divisons ensuite 12 et 8 par 4 en traçant un petit trait sur 12 et sur 8, et en écrivant 3 au-dessus de 12 et 2 au-dessous de 8 ; divisons encore 28 par 2, et il nous reste enfin $14 \times 3 \times 15 = 630$.

222. — *Pratique.* Nous écrirons le nombre abstrait 280 qui indique le nombre d'unités contenues dans la grandeur concrète 280 mètres, et qui correspond à l'inconnue.

Nous dirons ensuite : la grandeur concrète 12 hommes, étant dans un rapport direct avec la grandeur concrète cherchée, multiplions 280 par le rapport direct de 12 à 9, qui est $\dfrac{12}{9}$, et nous aurons $\dfrac{280 \times 12}{9}$.

Pareillement, la grandeur concrète 15 jours étant dans un rapport direct avec la grandeur concrète cherchée, multiplions $\dfrac{280 \times 12}{9}$ par $\dfrac{15}{10}$ et nous avons $\dfrac{280 \times 12 \times 15}{9 \times 10}$.

Et en multipliant encore $\dfrac{280 \times 12 \times 15}{9 \times 10}$ par $\dfrac{9}{8}$, nous retrouvons la fraction $\dfrac{280 \times 12 \times 15 \times 9}{9 \times 10 \times 8}$.

Règle d'intérêt.

223. — L'*intérêt* est le profit ou revenu que l'on retire de l'argent prêté ou d'une créance quelconque.

La somme productive d'intérêts s'appelle *principal*, et plus ordinairement *capital*.

On stipule l'intérêt à *tant* pour 100, par an, par exemple à 5 p. o/o l'an ; et l'on appelle *taux*, l'intérêt de 100 francs au bout d'un an.

224. — On peut avoir à calculer les intérêts d'un capital pour une ou plusieurs années, pour un certain nombre de mois ou pour un certain nombre de jours.

225. — L'intérêt est *simple* ou *composé* : il est *simple*

·lorsqu'il n'est point *capitalisé*, c'est-à-dire ajouté au capital pour être, comme celui-ci, producteur d'intérêt; dans le cas contraire, il est appelé *intérêt composé* ou *intérêt de l'intérêt*.

226. — INTÉRÊT SIMPLE. Voyons d'abord les différentes questions auxquelles peut donner lieu l'intérêt simple.

PROBLÈMES. — I. *Quel est l'intérêt, pour un an, de 8000 francs à 5 p. o/o l'an?*

$$100 \text{ fr. rapportent pour un an.} \quad 5^f \text{ d'intérêt.}$$

$$1 \text{ fr. rapportera.} \ldots \ldots \quad \frac{5^f}{100}$$

$$8000 \text{ fr. rapporteront.} \ldots \ldots \quad \frac{5^f \times 8000}{100} = 400 \text{ fr.}$$

On voit que la règle générale est de multiplier le *taux* par le capital (ou le capital par le taux) et de diviser le produit par 100.

REMARQUE. Si dans l'expression $\frac{5 \times 8000}{100}$, on divise par 5 le numérateur et le dénominateur, cette expression deviendra $\frac{8000}{20}$. Ainsi lorsque le taux est à 5 p. o/o l'an, *l'intérêt demandé est le vingtième du capital*.

II. *Quel est l'intérêt pour 3 ans, de 8000 francs, à 5 p. 100 l'an?*

On calcule l'intérêt pour un an, et l'on multiplie le résultat par 3; ou bien, on résout la question de la manière suivante :

$$100 \text{ fr. pour 1 an rapportent.} \quad 5^f \text{ d'intérêt.}$$

$$1 \text{ fr.} \quad \text{»} \quad \text{rapportera.} \quad \frac{5^f}{100}$$

$$1 \text{ fr. pour 3 ans} \quad \text{»} \quad \frac{5^f \times 3}{100}$$

$$8000 \text{ fr.} \quad \text{»} \quad \text{rapporteront} \ \frac{5^f \times 3 \times 8000}{100} = 1200 \text{ fr.}$$

En général, soit i le taux de l'intérêt, c le capital et t le temps; l'intérêt du capital c pendant t années sera représenté par la fraction $\dfrac{c \times i \times t}{100}$.

III. *Quel est l'intérêt de 6348 francs placés pendant 7 mois, à 6 p. o/o l'an?*

$$
\begin{array}{llll}
\text{100 fr. placés pendant 12 mois rapportent. .} & & & \text{6 fr.} \\
\text{1 fr. placé} \quad » \quad » \quad \text{rapportera. .} & & & \dfrac{6^t}{100} \\
\text{1 fr.} \quad » \quad » \quad \text{1 mois} \quad » & & & \dfrac{6^t}{100 \times 12} \\
\text{6348 fr. placés} \quad » \quad » \quad \text{rapporteront} & & & \dfrac{6^t \times 6348}{100 \times 12} \\
\text{6348 fr.} \quad » \quad » \quad \text{7 mois} \quad » & & & \dfrac{6^t \times 6348 \times 7}{100 \times 12}
\end{array}
$$

$$
= \frac{3174^t \times 7}{100} = 222 \text{ fr. } 18 \text{ c.}
$$

REMARQUE. A 6 p. o/o l'an ou 12 mois, l'intérêt est de $\dfrac{1}{2}$ p. o/o pour 1 mois, et, par conséquent, de $\left(3 + \dfrac{1}{2}\right)$ p. o/o pour 7 mois. On trouvera donc immédiatement l'intérêt demandé, en prenant les $\left(3 + \dfrac{1}{2}\right)$ p. o/o de 6348 francs, c'est-à-dire en multipliant 6348 par $\left(3 + \dfrac{1}{2}\right)$, et en divisant le produit par 100.

IV. *Calculer, suivant l'usage du commerce, l'intérêt pour 126 jours de 7954 francs, à 6 p. o/o l'an.*

L'usage du commerce étant, dans ce cas, de considérer l'année comme composée seulement de 360 jours, nous dirons :

$$100 \text{ fr. pour } 360 \text{ jours rapportent. . } 6 \text{ fr. d'intérêts.}$$

$$1 \text{ fr.} \qquad » \qquad \text{rapportera. . } \frac{6^t}{100}$$

$$1 \text{ fr.} \qquad 1 \text{ jour} \qquad » \cdot \cdot \frac{6^t}{100 \times 360}$$

$$7954 \text{ fr.} \qquad » \qquad \text{rapporteront.} \frac{6^t \times 7954}{100 \times 360}$$

$$7954 \text{ fr. pour } 126 \text{ jours rapporteront.} \frac{6^t \times 7954 \times 126}{100 \times 360}$$

Supprimons le facteur 6 au numérateur et au dénominateur, il vient

$$\frac{7954 \times 126}{100 \times 60} = \frac{7954 \times 126}{6000} = 167^t,034.$$

C'est-à-dire que, l'intérêt étant à 6 p. o/o l'an, on obtiendra immédiatement l'intérêt d'un capital pour un nombre quelconque de jours, en multipliant ce capital par le nombre de jours et en divisant le produit par 6000.

En effet, considérons l'expression $\dfrac{6 \times 7954 \times 126}{100 \times 360}$, son numérateur se compose de trois facteurs qui varieront suivant les données : le taux d'intérêt 6, le capital 7954, et le nombre de jours 126. Le dénominateur se compose au contraire de deux facteurs qui seront constamment les mêmes quelles que soient les données, savoir : 100 fr. capital fixe et 360 nombre de jours de l'année commerciale. Donc, pour un capital quelconque c placé pendant t jours à 6 p. o/o l'an, l'expression à laquelle on arrivera sera toujours $\dfrac{6 \times c \times t}{100 \times 360} = \dfrac{c \times t}{6000}.$

En outre, le dénominateur 6000 (on l'appelle *diviseur*

dans le commerce) résultant de la suppression du facteur 6, taux de l'intérêt, variera avec ce taux. De sorte que

L'intérêt étant à 3 p. o/o on aura $\dfrac{3 \times c \times t}{100 \times 360} = \dfrac{c \times t}{12000}$

»　　　» à 4 p. o/o　　» $\dfrac{4 \times c \times t}{100 \times 360} = \dfrac{c \times t}{9000}$

Etc.

REMARQUE. En général on rapporte tous les taux à 6 p. o/o, 4 p. o/o et 3 p. o/o. Soit, par exemple, à trouver l'intérêt de 8945 fr. pendant 90 jours, à 5 ½ p. o/o l'an. Calculant comme si le taux était à 4 p. o/o l'an, on trouve. . . . .　89 fr. 45

Pour 1 p. o/o on prend le ¼ de ce résultat.　22　　36

Et pour ½ p. o/o on prend la moitié de 22ᶠ,36. . . . .　11　　18

Intérêt à 5 ½ p. o/o. . .　122 fr. 99

Ou bien on calcule l'intérêt à 6 p. o/o, ci.　134　　17

Et comme ½ p. o/o est le $\frac{1}{12}$ de 6 p. o/o, on déduit du nombre obtenu son douzième. . .　11　　18

122 fr. 99

227. — Dans les problèmes précédents il a toujours été question de trouver l'intérêt produit par un capital pendant un temps déterminé ; mais l'inconnue pourra être aussi le taux annuel, ou bien le capital qui a produit un certain intérêt, ou enfin le temps pendant lequel ce capital a été producteur d'intérêts. On résout toujours la question par un procédé analogue à celui que nous avons employé jusqu'ici ; toutefois, dans les deux derniers cas (la recherche du capital placé ou du temps pendant lequel un capital a été producteur d'intérêts) il ne faudra pas perdre de vue cette loi évidente : pour le même intérêt produit, si le capital devient un certain nombre de fois plus grand ou plus petit, le temps qu'aura duré le placement sera le même nombre de fois plus petit ou plus grand, et réciproquement. Exemples :

V. *Un capital de 7954 fr. a produit en 126 jours 167^f,034 d'intérêts; quel est le taux annuel?*

7954 fr. ont produit en 126 j.   167^f,034 d'intérêts.

$$1 \text{ fr. produira en » } \quad \frac{167^f,034}{7954}$$

$$1 \text{ fr. produira en } 1 \text{ j. } \quad \frac{167^f,034}{7954 \times 126}$$

$$100 \text{ fr. produiront en } 1 \text{ j. } \quad \frac{167^f,034 \times 100}{7954 \times 126}$$

$$100 \text{ fr. produiront en } 360 \text{ j. } \quad \frac{167^f,034 \times 100 \times 360}{7954 \times 126}$$

$$= \frac{83^f,517 \times 100 \times 20}{3977 \times 7} = 6 \text{ fr.}$$

VI. *Quel est le capital qui, au taux de 6 p. o/o l'an, a produit, au bout de 126 jours, 167^f,034 d'intérêts?*

6 fr. sont, pour 360 jours, l'intérêt de   100 fr.

$$1 \text{ fr. est, pour } 360 \text{ jours, » } \quad \frac{100^f}{6}$$

$$1 \text{ fr. est, pour } 1 \text{ jour, » } \quad \frac{100^f \times 360}{6^f}$$

$$167^f,034 \text{ sont, pour } 1 \text{ jour, » } \quad \frac{100^f \times 360 \times 167,034}{6^f}$$

$$167^f,034 \text{ sont, pour } 126 \text{ jours, » } \quad \frac{100^f \times 360 \times 167,034}{6^f \times 126}$$

$$= \frac{167034^f}{21} = \frac{55678^f}{7} = 7954 \text{ fr.}$$

VII. *Le capital 7954 fr. a produit, au taux de 6 p. o/o*

l'an, 167ᶠ,034 *d'intérêts ; on demande pendant combien de jours ce capital a été producteur d'intérêts ?*

100 fr. donnent	6 fr. d'intérêts pour	360 jours.

$$
\begin{aligned}
&\text{1 fr. donnera} && 6 \text{ fr.} && \text{»} && \text{pour} && 360\,\text{j.} \times 100 \\
&\text{1 fr.} && \text{»} && 1 \text{ fr.} && \text{»} && \text{pour} && \frac{360\,\text{j.} \times 100}{6} \\
&7954 \text{ fr. donneront} && 1 \text{ fr.} && \text{»} && \text{pour} && \frac{360\,\text{j.} \times 100}{6 \times 7954} \\
&7954 \text{ fr.} && \text{»} && 167^f,034 && \text{»} && \text{pour} && \frac{360\,\text{j.} \times 100 \times 167,034}{6 \times 7954}
\end{aligned}
$$

$$
= \frac{1002204\,\text{j.}}{7954} = 126\,\text{j.}
$$

228. — Intérêt composé. Les calculs auxquels donnent lieu les questions relatives à l'intérêt composé sont plutôt du domaine de l'algèbre que du ressort de l'arithmétique. Cependant nous allons chercher ce que devient, dans ce cas, un capital au bout d'un certain nombre d'années.

VIII. *Que vaudront, au bout de 3 ans,* 12000 fr. *placés à 5 p. o/o, intérêts composés ?*

100 fr. au bout d'un an rapportant 5 fr.,
1 fr. au bout d'un an rapporte 0ᶠ,05.

Donc 1 fr. placé au commencement d'une année devient à la fin de cette même année 1ᶠ,05, ou bien 1 fr. multiplié par le nombre abstrait 1,05.

Cela posé, 1 fr. placé au commencement d'une année devenant à la fin de cette même année ou au commencement de l'année suivante 1 fr. $\times$ (1,05), si au commencement de cette nouvelle année nous plaçons 1 fr. $\times$ (1,05), ce capital, à la fin de la deuxième année ou au commencement de la troisième, deviendra 1 fr. $\times (1,05)$ multiplié encore par le nombre abstrait $1,05$. Donc le capital 1 fr. $\times (1,05)$ deviendra, à la fin de cette même deuxième année, 1 fr. $\times (1,05) \times (1,05) = 1$ fr. $\times (1,05)^2$. Nous concluons donc que le capital 1 fr. placé au commencement de la première année sera devenu, à la fin de la deuxième année ou au commencement de la troisième, 1 fr. $\times (1,05)^2$.

Nous reconnaîtrons pareillement que le capital 1 fr. placé au commencement de la première année, sera devenu à la fin de la troisième année 1 fr. $\times (1,05)^3$.

Or 2 fr. égalent 1 fr. $+$ 1 fr. Donc à la fin de la troisième année 2 fr. deviendront 1 fr. $\times (1,05)^3 + 1$ fr. $\times (1,05)^3 = 2$ fr. $\times (1,05)^3$, et 12000 fr. deviendront en 3 ans 12000 fr. $\times (1,05)^3$.

Escompte commercial.

229. — *Escompte*, autrefois *excompte*, signifie littéralement ce qui est à déduire d'un compte. En effet, l'*escompte* est en général une remise faite au payeur par celui qui reçoit un payement anticipé, c'est-à-dire effectué avant l'époque où il devait se faire.

L'escompte commercial se fait soit à l'occasion du payement d'une vente de marchandises, soit en raison du payement d'un effet de commerce avant l'échéance de cet effet.

Dans le premier cas l'escompte est simplement une quotité pour 100 du montant de la vente. J'achète, par exemple, des marchandises s'élevant à la somme de

945 fr., avec la faculté de ne payer que dans trois mois. Je préfère payer sur-le-champ, parce qu'alors le vendeur me fera une remise de 3 p. o/o, c'est-à-dire une diminution de 3 fr. pour chaque somme de 100 fr. que je lui dois ; ce sera un escompte de 3 p. o/o qui se calculera en prenant le 3 p. o/o de 945 fr., c'est-à dire en multipliant 3 fr. par 945 et en divisant par 100 le produit obtenu. En effet,

$$\text{Sur } 100 \text{ fr. l'escompte est de} \quad 3 \quad \text{fr.}$$

$$\text{Sur } 1 \text{ fr. il sera de} \ldots \ldots \quad \frac{3}{100} \text{ fr.}$$

$$\text{Et sur } 945 \text{ fr.} \quad \text{»} \ldots \ldots \quad \frac{3^f \times 945}{100} = 28^f,35.$$

J'aurai donc à payer seulement 945 fr. — 28ᶠ,35 = 916ᶠ,65.

230. — Quant à l'escompte d'un billet ou de tout autre effet de commerce, le montant de la retenue faite par l'escompteur, c'est-à-dire par celui qui fait l'avance des fonds, dépendra nécessairement du temps qui restera à courir jusqu'à l'échéance de cet effet Ainsi, le taux de l'escompte étant de 6 p. o/o l'an, sur un effet de 100 fr. payable dans un an, l'escompteur retiendra 6 fr.; il ne retiendra que 3 fr. si cet effet est payable au bout de 6 mois. On voit que le calcul de l'escompte, fait de cette manière, ne diffère en rien de celui de l'intérêt simple. Exemples :

PROBLÈMES. — I. *Calculer au taux de 5 p. o/o l'an l'escompte d'un billet de 600 fr. qui ne sera échu que dans 7 mois.*

L'escompte de 100 fr. est pour 12 mois $\quad$ 5 fr.

$\quad$ » $\qquad$ de $\quad$ 1 fr. $\quad$ » $\quad$ 12 mois $\quad$ $\dfrac{5}{100}$ fr.

$\quad$ » $\qquad$ de $\quad$ 1 fr. $\quad$ » $\quad$ 1 mois $\quad$ $\dfrac{5\,\text{fr.}}{100 \times 12}$

$\quad$ » $\qquad$ de 600 fr. $\quad$ » $\quad$ 1 mois $\quad$ $\dfrac{5^{\text{f}} \times 600}{100 \times 12}$

$\quad$ » $\qquad$ de 600 fr. $\quad$ » $\quad$ 7 mois $\quad$ $\dfrac{5^{\text{f}} \times 600 \times 7}{100 \times 12}$

$$= \frac{35^{\text{f}}}{2} = 17^{\text{f}},50.$$

Le porteur du billet recevra donc 600 fr. — $17^{\text{f}},50 = 582^{\text{f}},50$.

II. *Un banquier escompte au taux de 6 p. o/o l'an un effet de 4600 fr. qui a encore 60 jours à courir, quelle somme doit-il compter au porteur de cet effet?*

L'escompte de $\quad$ 100 fr. est pour 360 jours. $\quad$ 6 fr.

$\quad$ » $\qquad$ de $\quad$ 1 fr. $\quad$ » $\quad$ 360 jours $\quad$ $\dfrac{6}{100}$ fr.

$\quad$ » $\qquad$ de $\quad$ 1 fr. $\quad$ » $\quad$ 1 jour $\quad$ $\dfrac{6\,\text{fr.}}{100 \times 360}$

$\quad$ » $\qquad$ de 4600 fr. $\quad$ » $\quad$ 1 jour $\quad$ $\dfrac{6^{\text{f}} \times 4600}{100 \times 360}$

$\quad$ » $\qquad$ de 4600 fr. $\quad$ » $\quad$ 60 jours $\quad$ $\dfrac{6^{\text{f}} \times 4600 \times 60}{100 \times 360}$

$$= \frac{4600 \times 60}{6000} = 46 \text{ fr.}$$

REMARQUE. Comme à 6 p. o/o l'an l'intérêt est juste 1/2 p. o/o par mois et que 60 jours font 2 mois de l'année commerciale, on obtiendrait immédiatement ici le montant de l'escompte en prenant le 1 p o/o de 4600 fr. ; ce qui donne $\dfrac{4600 \times 1}{100} = 46$.

Le banquier donnera donc au propriétaire de l'effet 4600 fr. — 46 fr. = 4554 fr. Mais outre l'escompte, il est d'usage que le banquier prenne une commission de banque calculée à tant p. o/o sur la valeur nominale de l'effet. Supposons que cette commission soit de 1/4 p. o/o ; le banquier retiendra encore le 1/4 p. o/o de 4600 ou

$$\frac{4600}{100} \times \frac{1}{4} = 11^{f},50 \; ;$$ le porteur de l'effet ne recevra donc que 4542^{f},50.

231. — L'escompte calculé de la manière que nous venons de voir s'appelle *escompte en dehors* : on ne le prend pas autrement en France. Or il est évident que la retenue faite par l'escompteur est trop forte, car il perçoit l'intérêt d'une somme supérieure à celle qu'il avance. Ainsi, l'escompte étant à 6 p. o/o l'an, le banquier, en échange d'un effet de 100 fr. payable dans un an, ne me donnera que 94 fr. : il aura donc retenu l'intérêt, non pas des 94 fr. qu'il m'avance, mais des 100 fr. qui lui seront payés dans un an. Supposons au contraire que ce banquier me donne 100 fr. contre un billet de 106 fr. à un an : la retenue de 6 fr. faite sur la valeur nominale de ce billet est bien l'intérêt des 100 fr. que je reçois, et ces 100 fr. sont bien la valeur actuelle du billet.

Cette dernière manière de prendre l'escompte en retenant l'intérêt de la somme payée comptant, ou en d'autres termes, en faisant l'avance d'une somme qui, augmentée des intérêts qu'elle produit, égale la valeur nominale de l'effet, est ce qu'on appelle *escompte en dedans*.

Quoique l'escompte en dedans ne soit pas usité en

France, il convient cependant de savoir le prendre. Voici comment on fait ce calcul :

Soient les données du problème ci-dessus, c'est-à-dire un effet de 4600 francs ayant encore 60 jours à courir, et le taux de l'escompte étant à 6 p. o/o l'an.

On cherche d'abord l'intérêt de 1 fr. pour 60 jours ; cet intérêt est $\dfrac{6 \times 60}{100 \times 360} = \dfrac{60}{6000}$. Ainsi 1 franc, valeur actuelle, vaudra au bout de 60 jours $1^f + \dfrac{60}{6000}$.

Or si la valeur actuelle de $1^f + \dfrac{60}{6000}$ est de 1 fr.

La valeur actuelle de 1^f sera $\dfrac{1^f}{1 + \dfrac{60}{6000}}$

Et celle de 4600 fr. sera $\dfrac{4600^f}{1 + \dfrac{60}{6000}} = \dfrac{4600^f}{\dfrac{6000}{6000} + \dfrac{60}{6000}} = \dfrac{4600^f}{\dfrac{6060}{6000}}$

$$= 4600 \text{ fr.} \times \dfrac{6000}{6060} = 4554^f,455.$$

Le banquier devra donner $4554^f,455$: l'escompte retenu sera donc $4600^f - 4554^f,455 = 45^f,545$: cet escompte est bien l'intérêt de la somme avancée pour 60 jours.

Échéance commune ou échéance moyenne

232. — On a souvent besoin dans le commerce de chercher une *échéance moyenne* à plusieurs effets, autrement dite l'*échéance commune* de ces effets.

On entend par là une échéance unique qui, substituée à chacune des échéances particulières de plusieurs effets de commerce, n'apporte aucun changement au résultat total des intérêts ou de l'escompte pris sur lesdits effets.

Soient, par exemple, les trois effets suivants dont on veut, le 5 mars, prendre l'escompte ou calculer les intérêts à 6 p. o/o l'an.

$$\begin{array}{lll} \text{896 fr.} & \text{à l'échéance du} & \text{15 avril.} \\ \text{1000} & \text{»} & \text{30 avril.} \\ \underline{\text{1234}} & \text{»} & \text{20 mai.} \\ \text{3130} & & \end{array}$$

L'échéance commune à ces trois effets devra être telle, que si l'on prend l'escompte de ces effets ou de leur somme 3130 fr., pour le nombre de jours qu'il y a depuis le 5 mars jusqu'à l'échéance commune demandée, cet escompte soit le même que le total de l'escompte de 896 fr. à l'échéance du 15 avril, plus celui de 1000 fr. au 30 avril, plus celui de 1234 fr. au 20 mai.

Cherchons l'escompte de ces trois effets aux échéances respectives ; nous aurons :

Capitaux.	Échéances.	Nombre de jours.	Produit du capital par les jours.
896 fr	15 avril	41	36736
1000	30 avril	56	56000
1234	20 mai	76	93784
3130 fr.			186520

En divisant 186520 par 6000 (n° 226, prob. IV), nous aurions le montant de l'escompte ou de l'intérêt demandé.

Or les trois effets ou, ce qui est la même chose, leur somme 3130 fr. à l'échéance demandée, doivent donner le même escompte : il faudra donc que le produit de 3130 par le nombre de jours qu'il y aura depuis le 5 mars jusqu'à cette échéance, soit égal à 186520. Appelons x ce nombre de jours; nous aurons :

$$3130 \times x = 186520$$

d'où

$$x = \frac{186520}{3130} = 59.$$

L'échéance commune tombera donc 59 jours après le 5 mars, c'est-à-dire le 3 mai.

233. — REMARQUE. Dans les bureaux, on abrége ce calcul en comptant les jours à partir de l'échéance la plus rapprochée. Exemple :

```
 896 . . . . . 15 avril . . . . .  0 jours . . . . .      0
1000 . . . . . 30 avril . . . . . 15   »    . . . . . 15000
1234 . . . . . 20 mai   . . . . . 35   »    . . . . . 43190
————                                                  —————
3130                                                  58190
```

Divisant 58190 par 3130, le quotient 18 en nombre entier, est le nombre de jours qu'il faut ajouter au 15 avril, point de départ, pour avoir l'échéance commune demandée. Or 18 jours après le 15 avril, c'est encore le 3 mai.

La raison de ce procédé de calcul est bien simple. En prenant pour point de départ le 15 avril et non le 5 mars, on a 41 jours de moins, de sorte que les produits des capitaux par les jours sont respectivement :

$$896 \times (41 - 41)$$
$$1000 \times (56 - 41)$$
$$1234 \times (76 - 41)$$

La somme 58190 de ces trois produits se composera donc des parties suivantes :

$$896 \times (41 - 41) + 1000 \times (56 - 41) + 1234 \times (76 - 41)$$
$$= (896 \times 41 + 1000 \times 56 + 1234 \times 76) - (896 + 1000$$
$$+ 1234) \times 41 = 186520 - 3130 \times 41.$$

C'est-à-dire qu'elle sera égale à la somme des produits trouvés par le premier procédé de calcul, diminuée de 41 fois la somme 3130 des trois effets donnés. Le quotient de la somme 58190 par 3130 sera donc de 41 unités plus faible que celui de 186520 par ce même diviseur 3130; et comme on ajoute ce quotient à une date (15 avril) qui est 41 jours postérieure à la première (5 mars), on obtiendra nécessairement la même échéance.

Rentes sur l'État.

234. — Les *rentes sur l'État* sont les intérêts de divers emprunts faits par le gouvernement à différentes époques. Ces rentes sont payées annuellement et en deux payements égaux, par le Trésor public, sur la production de titres appelés *inscriptions de rente*.

Les propriétaires de ces titres peuvent les vendre à la Bourse par l'intermédiaire d'agents de change, et à un prix plus ou moins élevé suivant le cours de la rente.

En France, les rentes sur l'État sont désignées par un taux nominal, et il y en a de trois sortes : la rente $4\frac{1}{2}$ p. o/o, la rente 4 p. o/o et la rente 3 p. o/o.

Il importe de bien se rendre compte du sens de ces désignations : l'expression *rente* $4\frac{1}{2}$ p. o/o, par exemple, signifie qu'une inscription de rente de 100 fr. de capital donne le droit de toucher au Trésor une rente annuelle de 4 fr. $\frac{1}{2}$, le *titre*, ou inscription de rente, n'eût-il coûté que 90 francs à celui qui l'a acheté à la Bourse. Ce titre ne produirait pas plus de 4 fr. $\frac{1}{2}$, s'il avait été acheté *au pair*, c'est-à-dire 100 fr., ou même si on l'avait payé 110 fr.

Ainsi donc, quand on achète ou quand on vend des rentes à la Bourse, on achète ou l'on vend des titres qui donnent le droit de toucher, suivant la nature du titre, 4 fr. $\frac{1}{2}$ de rente, ou 4 fr. ou 3 fr., pour chaque 100 fr. de capital nominal inscrit sur ce titre.

PROBLÈMES. — I. *Que coûteront 6000 francs de rente 4 $\frac{1}{2}$ p. o/o à 91 ?*

4ᶠ,50 de rente coûtent. . 91 fr.

1 fr. » coûtera. . $\dfrac{91 \text{ fr.}}{4,50}$

6000 fr. » coûteront $\dfrac{91^\mathrm{f} \times 6000}{4,50} = 121333^\mathrm{f},33.$

II. *Que coûteront 6000 francs de rente 3 p. o/o à 67,50 ?*

3 fr. de rente coûtent. . 67ᶠ,50

1 fr. » coûtera. . $\dfrac{67^\mathrm{f},50}{3}$

6000 fr. » coûteront $\dfrac{67^\mathrm{f},50 \times 6000}{3} = 135000\,\text{fr.}$

III. *On emploie un capital de 135000 francs à l'achat de rente 3 p. o/o, au cours de 67ᶠ,50, combien de rente annuelle aura-t-on ?*

67ᶠ,50 produisent une rente de 3 fr.

1 fr. produira » de $\dfrac{3 \text{ fr.}}{67,50}$

135000 fr. produiront » de $\dfrac{3^\mathrm{f} \times 135000}{67,50} = 6000 \text{ fr.}$

IV. *On demande à quel taux place son argent celui qui achète du $4\frac{1}{2}$ p. o/o à 91.*

$$91 \text{ fr. rapportent} \ldots\ldots\ldots 4^f,50$$

$$1 \text{ fr. rapportera} \ldots\ldots\ldots \frac{4^f,50}{91}$$

$$100 \text{ fr. rapporteront} \ldots\ldots\ldots \frac{4^f,50 \times 100}{91} = 4^f,94$$

V. *On demande à quel taux place son argent celui qui achète du 3 p. o/o à $67^f,50$.*

$$67^f,50 \text{ rapportent} \ldots\ldots 3 \text{ fr,}$$

$$1 \text{ fr. rapportera} \ldots\ldots \frac{3 \text{ fr.}}{67,50}$$

$$100 \text{ fr. rapporteront} \ldots\ldots \frac{3^f \times 100}{67,50} = 4^f,44.$$

Partages proportionnels.

235. — Partager un nombre, 64 par exemple, en trois parties proportionnelles aux nombres 3, 5 et 8, c'est en d'autres termes partager 64 en trois parties telles que le rapport de la première à 3 soit égal au rapport de la se-seconde à 5, et soit égal encore au rapport de la troisième à 8.

Comme la somme des nombres 3, 5 et 8 est égale à 16, si le nombre proposé égalait 16, les trois parties seraient représentées par 3, 5, 8 ; car le rapport de 3 à 3 égale celui de 5 à 5, égale encore celui de 8 à 8 : en outre, la somme des trois parties 3, 5 et 8 reconstitue le nombre donné 16.

Le problème que nous venons de résoudre admet une seule solution ; car si la première partie, par exemple, était supérieure à 3, à cause des rapports égaux, la seconde partie devrait être supérieure à 5, et la troisième partie serait aussi supérieure à 8, ce qui ne saurait être ; autrement la somme des parties obtenues serait plus grande que 16.

S'il s'agissait de partager 1 au lieu de 16, les trois parties demandées seraient 16 fois moindres, ou $\dfrac{3}{16}$, $\dfrac{5}{16}$ et $\dfrac{8}{16}$: donc, la somme à partager étant 64, les trois parties demandées seront $\dfrac{3}{16} \times 64$, $\dfrac{5}{16} \times 64$ et $\dfrac{8}{16} \times 64$.

De là cette règle générale : Multiplier le nombre qu'il s'agit de partager en parties proportionnelles, par chacun des rapports obtenus en divisant les termes auxquels ces parties doivent être proportionnelles, par la somme de ces mêmes termes.

Règle de société.

236. — La *règle de société* ou de *compagnie* n'est qu'un cas particulier des *partages proportionnels*.

I. *Trois associés ont mis dans le commerce, le premier* 20000 *francs, le second* 60000, *et le troisième* 80000 ; *le bénéfice total est de* 40000 *francs. Partager ce bénéfice proportionnellement aux mises.*

La somme des mises étant 160000 francs, on obtiendra les parts demandées en multipliant le nombre 40000 fr., bénéfice à partager, par les rapports :

$$\frac{20000}{160000}, \quad \frac{60000}{160000}, \quad \frac{80000}{160000}$$

ou, en simplifiant, par les rapports :

$$\frac{2}{16}, \quad \frac{6}{16}, \quad \frac{8}{16}$$

ou enfin, en simplifiant encore, par ceux-ci :

$$\frac{1}{8}, \quad \frac{3}{8}, \quad \frac{1}{2}$$

ce qui donnera :

Part du 1er associé 40000 fr. $\times \frac{1}{8} =$ 5000 fr.

» du 2e » 40000 $\times \frac{3}{8} =$ 15000

» du 3e » 40000 $\times \frac{1}{2} =$ 20000

Total. . . . . . 40000 fr.

Donc, *règle générale*, pour partager un bénéfice ou une perte proportionnellement aux mises, il faut multiplier la somme à partager par le rapport de chaque mise particulière à la mise totale.

REMARQUE. Ce problème peut aussi se résoudre par la méthode de réduction à l'unité. En effet,

Une mise de 160000 fr. ayant produit un bénéfice de 40000 fr.

» de 1 fr. aurait produit » de $\dfrac{40000}{160000}$

$$= \frac{1}{4} \text{ de franc.}$$

Donc

20000 fr. 1re mise, doivent produire $\frac{1}{4} \times$ 20000 = 5000

60000 fr. 2e » » $\frac{1}{4} \times$ 60000 = 15000

80000 fr. 3e » » $\frac{1}{4} \times$ 80000 = 20000

II. *Trois commerçants ont à se partager un bénéfice de 697ᶠ,50. Le premier a mis 3000 francs qui sont restés 12 mois dans le commerce de la société; le second a mis 750 francs pour 10 mois, et le troisième 500 francs pour 6 mois. Que revient-il à chacun?*

On réduit préalablement à l'unité de temps en disant :

3000 francs pendant 12 mois équivalent à 12 fois 3000 francs pendant un seul mois, et de même pour les deux autres associés.

On remplace donc les mises par les suivantes :

Mise du 1ᵉʳ associé 3000 fr. $\times$ 12 $=$ 36000 fr. pendant 1 mois.
   » du 2ᵉ   »   750 fr. $\times$ 10 $=$ 7500   »
   » du 3ᵉ   »   500 fr. $\times$ 6 $=$ 3000   .   »
                        Total. 46500

et le problème rentre dans le précédent.

En faisant les calculs on trouvera les résultats suivants :

     Part du 1ᵉʳ associé   540ᶠ,00
      » du 2ᵉ   »   112 ,50
      » du 3ᵉ   »   45 ,00
           Total. . . 697ᶠ,50

III. *Trois négociants ont formé une société qui a duré 100 mois; le bénéfice a été de 750000 francs.*

Le premier a mis 20000 francs; 8 mois après il a ajouté 5000 francs, 3 mois après il a retiré 20 francs, 2 mois après il a ajouté 300 francs, 5 mois après il a retiré 150 francs, 14 mois après il a ajouté 3000 francs, 20 mois après il a retiré 1800 francs ;

Le second a mis 30000 francs, 15 mois après il a retiré

18000 *francs,* 14 *mois après il a retiré* 2000 *francs,*
20 *mois après il a retiré* 6000 *francs;*

Le troisième a mis 100000 *francs qui sont restés pendant tout le temps de la société.*

Que revient-il à chacun ?

On prépare ainsi l'énoncé de cette question :

Le premier a mis.		20000
8 mois après.	+	5000
3 »	—	20
2 »	+	300
5 »	—	150
14 »	+	3000
20 »	—	1800
Le second a mis.		30000
15 mois après.	—	18000
14 »	—	2000
20 »	—	6000
Le troisième a mis.		100000

qui sont restés dans la société pendant 100 mois.

Le premier négociant a mis d'abord 20000 francs qui sont demeurés pendant 8 mois dans la société ; or, le bénéfice correspondant à 20000 francs placés pendant 8 mois est égal au bénéfice de 20000×8, ou de 160000 francs placés pendant 1 mois.

D'après l'énoncé du problème, le premier négociant après avoir mis 20000 francs dans la société, a ajouté 8 mois après 5000 francs : donc il a eu dans la caisse de la société $20000 + 5000$ ou 25000 francs qui sont restés pendant 3 mois ; le bénéfice de 25000 francs pendant 3 mois est égal au bénéfice de 25000×3, ou 75000 francs placés pendant 1 mois.

En suivant toujours l'énoncé du problème : 3 mois
après il a retiré 20 francs : donc il a eu dans la caisse
25000—20, c'est-à-dire 24980 francs qui sont demeurés
2 mois dans la société, et qui ont produit un bénéfice
égal à celui de $24980 \times 2 = 49960$ placés pendant
1 mois.

2 mois après il a ajouté 300 francs : alors il a dans la
caisse sociale 24980^f+300^f ou 25280 francs qui y sont
restés pendant 5 mois, et qui ont produit un bénéfice égal
à celui de 25280$^f \times 5$, ou de 126400 francs placés pendant 1 mois.

5 mois après il a retiré 150 francs : donc il a eu dans
la caisse sociale 25280^f—150^f, ou 25130 francs qui,
placés pendant 14 mois, ont rapporté autant que
25130$^f \times 14$ ou 351820 francs placés pendant 1 mois.

14 mois après il a ajouté 3000 francs : il a donc eu dans
la caisse de la société 25130^f+3000^f, ou 28130 francs
qui, pendant 20 mois, ont produit un bénéfice égal à celui
de 28130$^f \times 20$ ou de 562600 francs placés pendant
1 mois.

Enfin, 20 mois après il a retiré 1800 francs : or, il avait
dans la caisse 28130 francs, il n'y aura donc plus que
28130^f—1800^f, ou 26330 francs qui ont été pendant tout
le reste du temps, c'est-à-dire pendant 48 mois dans la
société; cette somme 26330^{fr} placée pendant 48 mois a
rapporté un bénéfice égal à celui de 26330$^f \times 48$, ou
1263840 francs placés pendant 1 mois.

En résumé, le bénéfice qui doit revenir au premier
négociant est égal au bénéfice produit par le capital
2589620^{fr} placé pendant 1 mois.

On obtient ce nombre 2589620 en faisant la somme

$$
\begin{array}{r}
160000 \\
75000 \\
49960 \\
126400 \\
351820 \\
562600 \\
1263840 \\
\hline
2589620
\end{array}
$$

des nombres obtenus précédemment.

En opérant d'une manière analogue, nous trouverons le capital qui, placé pendant un mois, produira un bénéfice égal à celui qui doit revenir au second associé.

Quant au troisième associé : 100000 francs placés pendant 100 mois produisent un bénéfice égal à celui du capital 10000000^f placé pendant 1 mois.

Ce travail préparatoire étant terminé nous rentrons dans le premier cas.

Moyenne arithmétique entre deux nombres et moyenne arithmétique entre plus de deux nombres.

237. — La moyenne arithmétique entre deux nombres est un troisième nombre égal à la demi-somme des deux nombres donnés. Ainsi, la moyenne arithmétique entre 15 et 27 est $\dfrac{15+27}{2} = \dfrac{42}{2} = 21$.

La moyenne arithmétique entre trois nombres est un quatrième nombre égal au tiers de la somme des trois nombres donnés. Ainsi, la moyenne arithmétique entre les trois nombres 7, 10 et 16 est :

$$\frac{7+10+16}{3} = \frac{33}{3} = 11.$$

La moyenne arithmétique entre quatre nombres est un cinquième nombre égal au quart de la somme des quatre nombre donnés, etc.

I. *On a mesuré approximativement une distance cinq fois, et l'on a trouvé successivement* $426^m,01$; $425^m,95$; $425^m,98$; $426^{mètres}$, *et enfin* $425^m,96$. *On demande quelle est la distance moyenne, c'est-à-dire la moyenne de ces cinq résultats ?*

Réponse :
$$\frac{426^m,01 + 425^m,5 + 425^m,98 + 426^m + 425^m,96}{5}$$
$$= 425^m,98$$

II. *On a acheté quatre fois de suite la même quantité de la même marchandise à quatre prix différents, savoir :* $2^f,75$ *le kilogramme,* $2^f,85$, 3^{fr}, *et* $3^f,20$. *Quel est le prix moyen du kilogramme de cette marchandise ?*

Réponse :
$$\frac{2^f,75 + 2^f,85 + 3^f + 3^f,20}{4} = 2^f,95.$$

Ainsi cette marchandise revient en moyenne à 2^f95 le kilogramme.

Remarque. — Lorsque la quantité de marchandise n'est pas la même dans les différents achats ou dans les différentes ventes, le problème rentre dans les questions de mélange, comme nons allons le voir.

238. — Théorème. La moyenne arithmétique entre deux nombres a et c est généralement plus grande que la moyenne géométrique b, entre ces mêmes nombres.

Le nombre b étant la moyenne géométrique entre a et c, nous aurons $\dfrac{a}{b} = \dfrac{b}{c}$.

En supposant $a > c$ nous aurons $b > c$, car la moyenne géométrique b doit être évidemment plus grande que le plus petit des deux nombres donnés..

De l'égalité $\dfrac{a}{b} = \dfrac{b}{c}$, on déduit $\dfrac{a}{b} - 1 = \dfrac{b}{c} - 1$, et par conséquent $\dfrac{a - b}{b} = \dfrac{b - c}{c}$, ou enfin $\dfrac{a - b}{b - c} = \dfrac{b}{c}$.

b étant plus grand que c, nous aurons $a - b > b - c$, ou $a + c > 2b$, ou enfin $\dfrac{a + c}{2} > b$. Ce qui était à démontrer.

Si a égale c, la moyenne géométrique est égale à la moyenne arithmétique.

Règle de mélange.

239. — La *règle de mélange* a pour but soit de trouver le prix moyen résultant du mélange de quantités différentes de la même espèce de marchandise, soit de déterminer dans quelles proportions doit se faire un mélange pour obtenir un prix moyen donné.

PROBLÈMES. — I. *Un marchand de vin fait un mélange des vins suivants : quel sera le prix d'un litre de ce mélange?*

540 litres à 0^f,60 coûtent.	324^f,00
460 » à 0^f,50 »	230^f,00
370 » à 0^f,45 »	166^f,50
1370 litres de mélange coûtent donc. .	720^f,50

Par conséquent 1 litre coûtera $\dfrac{720^f,50}{1370} = 0^f,525$.

II. *Un marchand a 250 litres de vin qu'il a achetés à raison de 0ᶠ,60 le litre ; il veut les mélanger avec de l'eau, de manière que le litre de mélange ne lui coûte que 0ᶠ,50 : combien doit-il faire entrer de litres d'eau dans le mélange* (on suppose que l'eau ne coûterien) ?

250 litres de vin à 0ᶠ,60 le litre coûtent 150ᶠ; après l'addition de l'eau, le nombre des litres de vin et d'eau composant le mélange ne coûtera encore que 150ᶠʳ. Mais 1 litre de mélange doit coûter 0ᶠ,50 ; si donc l'on connaissait le nombre de litres du mélange, en multipliant 0ᶠ,50 par ce nombre de litres, on devrait trouver pour produit 150ᶠʳ ; par conséquent, divisant le produit 150ᶠʳ par 0ᶠ,50 qui est l'un des facteurs, le quotient sera l'autre facteur ou le nombre total des litres du mélange.

Effectuant la division, on trouve 300 : ainsi le mélange se composera en tout de 300 litres. Retranchant de ce nombre les 250 litres de vin, la différence 50 litres exprime la quantité d'eau qu'il faut ajouter.

REMARQUE. On obtiendra immédiatement la quantité d'eau à ajouter en prenant le $\frac{1}{5}$ des 250 litres de vin. En effet, les 0ᶠ,10 de différence entre 0ᶠ,60 prix du litre de vin, et 0ᶠ,50 prix du litre de mélange, sont les $\frac{10}{50} = \frac{1}{5}$ du prix d'un litre de mélange, et par conséquent aussi le prix de $\frac{1}{5}$ de litre de ce mélange. Or, si l'on ajoute $\frac{1}{5}$ de litre d'eau, qui ne coûte rien, à 1 litre de vin, qui coûte 0ᶠ,60, les $\frac{6}{5}$ de litre de ce mélange ne coûtent toujours que 0ᶠ,60, le $\frac{1}{5}$ de litre coûtera $\dfrac{0ᶠ,60}{6}$, et le litre reviendra à $\dfrac{0ᶠ,60}{6} \times 5 = 0ᶠ,50$. Ainsi, la quantité d'eau et celle du vin sont dans la proportion de $\frac{1}{5}$ de litre d'eau pour 1 litre de vin ; en d'autres termes, la quantité d'eau doit être le $\frac{1}{5}$ de celle du vin, ou $\frac{250}{5} = 50$. On peut conclure de là une seconde manière de résoudre le problème.

III. *On veut mélanger du vin à* $0^f,80$ *le litre avec du vin à* $0^f,65$: *dans quelle proportion doit-on prendre de l'une et de l'autre qualité pour que le litre de mélange revienne à* $0^f,70$?

Puisque le prix du litre de mélange doit être $0^f,70$, pour chaque litre de vin à $0^f,80$ que l'on prendra, il y aura perte de $0^f,10$; tandis que pour chaque litre de vin à $0^f,65$ il y aura $0^f,05$ de gain. D'ailleurs le gain doit compenser la perte : nous voyons immédiatement que nous obtiendrons ici ce résultat en prenant deux fois plus de vin à $0^f,65$ qu'à $0^f,80$. Cherchons une solution plus générale.

Sur 1 litre à 80 centimes, on perd 10 centimes : donc, sur $\frac{1}{10}$ de litre, on perd 10 fois moins, ou 1 centime seulement.

Sur 1 litre à 65 centimes, on gagne 5 centimes : donc, sur $\frac{1}{5}$ de litre, on gagne 5 fois moins, ou 1 centime seulement.

Par conséquent, si l'on fait le mélange de façon que les quantités de vin à 80 centimes et à 65 centimes soient proportionnelles aux nombres $\frac{1}{10}$ et $\frac{1}{5}$, le gain compensera la perte. Ainsi la question est un cas des partages proportionnels.

Réduisant les fractions $\frac{1}{10}$ et $\frac{1}{5}$ au même dénominateur, il vient $\frac{5}{50}$ et $\frac{10}{50}$; multipliant ces deux dernières fractions par leur dénominateur commun, on a enfin les nombres entiers 5 et 10, qui indiquent que pour 5 litres de vin à 80 centimes, il faudra prendre 10 litres de vin à 65 centimes.

Dans la pratique on résout souvent la question de la manière suivante :

Prix de revient 70 c.
$$\begin{cases} \text{Vin à 80 c.... 5 différence du plus bas prix au prix de revient.} \\ \text{Vin à 65 c.... 10 différence du plus haut prix au prix de revient.} \end{cases}$$

Ce qui fait voir immédiatement qu'il faudra prendre 5 litres à 80 centimes et 10 litres à 65 centimes.

Remarque. La quantité de vin à 80 centimes étant la moitié de celle du vin à 65 centimes, en d'autres termes, le rapport de ces quantités étant $\dfrac{5}{10}=\dfrac{1}{2}=\dfrac{2}{4}=\dfrac{3}{6}$, etc. ; on voit que le problème est indéterminé, puisqu'on aura satisfait à la question du moment que l'on prendra une quantité de vin à 65 centimes double de la quantité du vin à 80 centimes, quelle que soit d'ailleurs cette dernière quantité.

IV. *Dans quelles proportions doit-on mélanger de l'huile à 3^f,20 le kilogramme avec de l'huile à 3 francs et de l'huile à 2^f,60, pour que le mélange revienne à 2^f,80 le kilogramme?*

Afin de n'avoir à opérer que sur des nombres entiers, prenons pour unité le décime au lieu du franc.

Sur 1 kilogramme à 32 décimes on perd 4 décimes : donc sur $\frac{1}{4}$ de kilogramme on perd 1 décime.

Sur 1 kilogramme à 30 décimes on perd 2 décimes : donc sur $\frac{1}{2}$ kilogramme on perd 1 décime.

Sur 1 kilogramme à 26 décimes on gagne 2 décimes, ce qui compense la perte faite sur les deux autres qualités.

Le mélange pourra donc être fait proportionnellement aux nombres $\frac{1}{4}$, $\frac{1}{2}$ et 1, ou aux nombres entiers 1, 2 et 4. Prenant donc

1 kilogramme à 3^f,20 coûtant. . .   3^f,20

2   »   à 3^f   » . . .   6^f,oo

4   »   à 2^f,6o   » . . .   1o^f,4o

On aura 7 kilogrammes qui coûteront. . . .   19^f,6o

Donc 1 kilogramme coûtera $\dfrac{19^f,6o}{7} = 2^f,8o$

On obtiendra une autre solution par la méthode pratique indiquée dans le problème précédent.

Prix de revient 2^f,8o
{
  Huile à 3^f,2o....2o c. différence du plus bas prix au prix de revient.

  »   à 3^f   ....2o c.   »   »   »

  »   à 2^f,6o....4o c. $+$ 2o c. somme des différences des prix supérieurs (3^f,2o et 3^f) au prix de revient.
}

On mélangera donc dans les proportions de 20 kilogrammes à 3^f,2o; 20 kilogrammes à 3 francs, et 60 kilogrammes à 2^f,6o ; ou, en simplifiant, proportionnellement aux nombres 1, 1 et 3. Mais ici encore le problème est indéterminé.

240. — REMARQUE. Différentes conditions peuvent être introduites dans ces sortes de problèmes ; mais alors même, la solution s'obtient par l'une des méthodes exposées précédemment, sauf à compléter les opérations. Si par exemple on avait ajouté à l'énoncé du problème précédent, que le mélange doit se faire avec 120 kilogrammes d'huile à 3 francs, après avoir trouvé que ce mélange doit se faire proportionnellement aux nombres 1, 2 et 4, on en conclura facilement que pour 120 kilogrammes d'huile à 3 francs, il faudra prendre 60 kilo-grammes d'huile à $3^f,20$, et 240 kilogrammes d'huile à $2^f,60$.

V. *On a du vin à $0^f,80$ le litre et du vin à $0^f,65$, on veut obtenir un mélange de 420 litres qui revienne à $0^f,70$ le litre : quelle quantité faut-il prendre de l'une et de l'autre espèce de vin?*

On cherche d'abord dans quel rapport doivent être les quantités de chaque espèce de vin. Nous avons vu (pro-blème III ci-dessus) que ce rapport est $\dfrac{5}{10} = \dfrac{1}{2}$; c'est-à-dire que pour 1 litre à $0^f,80$ il faudra en prendre 2 à $0^f,65$. Ainsi :

Sur   3 litres de mélange il y a   1 litre à 80 c.

Sur   1 litre   »   il y en aura $\dfrac{1}{3}$

Et sur 420 litres   »   » $\dfrac{1}{3} \times 420 = 140.$

Par conséquent, il entrera aussi dans le mélange $420 - 140 = 280$ litres de vin à $0^f,65$.

VI. *On a mélangé 148 litres d'huile à $1^f,25$ le litre avec 52 litres d'une autre huile dont on ignore le prix; quel est ce prix, sachant que le prix de revient du mélange est de $1^f,38$?*

Le mélange a donné un total de 200 litres $= 148$ l. $+ 52$ l.
Le prix de revient étant de $1^f,38$ le litre, ces
   200 litres reviennent à $1^f,38 \times 200 = \ldots$ 276 fr.
Retranchons la valeur des 148 l. à $1^f,25 \ldots$ 185 fr.
Le reste 91 est ce que coûtent les 52 litres.   91 fr.

Donc 1 litre de la seconde qualité d'huile coûte $\dfrac{91}{52} = 1^f,75.$

Règle d'alliage.

241. — L'*alliage* est la combinaison de deux ou de plusieurs métaux.

Les parties du métal le plus précieux qui entrent dans le composé sont appelées *parties de fin*, et l'on entend par *titre* le rapport du poids de ces parties avec un poids déterminé du métal composé.

Soit, par exemple, un alliage d'argent et de cuivre : si sur 10 grammes de cet alliage il est entré 9 grammes d'argent pur, on dira que c'est un alliage d'argent au *titre* de 0,9, ou bien, ce qui est la même chose, au *titre* de 0,900.

Pour *réduire au degré de fin* une masse de métal résultant d'un alliage, tel que lingot, argenterie, pièce d'or ou d'argent, etc., c'est-à-dire pour savoir le poids du métal précieux que cette masse renferme, il faut multiplier le titre par le poids total de la masse. Exemples :

I. *Quel est le degré de fin ou poids d'argent pur qu'il y a dans un lingot pesant 976 grammes, au titre de 0,860 ?*

Le titre 0,860 indique que sur 1 gramme du lingot il y a $0^g,860$ d'argent pur : donc sur 976 grammes de ce lingot il y aura 976 fois plus, ou $0^g,860 \times 976 = 839^g,360$.

II. *On a fondu ensemble 80 kilogrammes de cuivre à $2^f,50$ le kilogramme avec 30 kilogrammes d'étain à $4^f,70$. Quel est le prix d'un kilogramme de cet alliage ?*

$$\begin{aligned}
&80 \text{ k. à } 2^f,50 \text{ coûtent } 2^f,50 \times 80 = \quad 200 \text{ fr.}\\
&\underline{30 \text{ k. à } 4^f,70 \text{ coûtent } 4^f,70 \times 30 = \quad 141 \text{ fr.}}\\
&110 \text{ k. de l'alliage coûtent}\ldots\ldots \overline{341} \text{ fr.}
\end{aligned}$$

$$\text{Donc 1 k. coûtera} \ldots \ldots \frac{341^f}{110} = 3^f,10.$$

III. *On a fondu ensemble trois lingots d'or, savoir : le premier pesant 936 grammes, au titre de 0,950 ; le second pesant 816 grammes, au titre de 0,750, et le troisième pesant 246 grammes, au titre de 0,875. On demande quel est le titre du lingot que l'on a obtenu ?*

Voyons d'abord la quantité d'or pur que contient chacun des trois lingots.

$$1^{er} \text{ lingot } 0,950 \times 936^g = 889^g,20$$
$$2^e \quad \text{»} \quad 0,750 \times 816 = 612 \ ,00$$
$$3^e \quad \text{»} \quad 0,875 \times 246 = \underline{215 \ ,25}$$
$$1716^g,45$$

Le lingot d'alliage contient donc $1716^g,45$ d'or pur. D'autre part, le poids total de ce lingot d'alliage est la somme des poids des trois lingots, ou $936+816+246=1998$ grammes. Or, puisque 1998 grammes du lingot d'alliage contiennent $1716^g,45$ d'or pur, 1 gramme de ce lingot contiendra 1998 fois moins, ou $\dfrac{1716,45}{1998} = 0,860.$

IV. *On veut fondre deux lingots d'argent, l'un au titre de 0,850, l'autre au titre de 0,700. Dans quelle proportion doit-on prendre de l'un et de l'autre pour que l'alliage soit au titre de 0,760 ?*

Opérant comme nous l'avons fait dans le cas du mélange, problème III, et prenant les entiers 85, 70 et 76 centigrammes, au lieu des nombres décimaux $0^g,850$, $0^g,700$ et $0^g,760$, nous dirons :

Sur 1 gramme le premier lingot perd 9 centigrammes de titre, donc sur $\frac{1}{9}$ de gramme il perdra 1 centigramme.

Sur 1 gramme le deuxième lingot gagne 6 centigrammes de titre, donc sur $\frac{1}{6}$ de gramme il gagne 1 centigramme.

Les différences de titre seront donc compensées si l'alliage se fait proportionnellement aux nombres $\frac{1}{9}$ et $\frac{1}{6}$, ou $\frac{6}{54}$ et $\frac{9}{54}$, ou 6 et 9, ou enfin 2 et 3.

On obtiendra le même résultat par le procédé pratique suivant :

Titre demandé 0,760 $\left\{\begin{array}{l} \text{0,850.... 0,60 différence du plus bas titre au titre de revient.} \\ \text{0,700.... 0,90 différence du plus haut titre au titre de revient.} \end{array}\right.$

Ainsi les quantités de chaque lingot devront être dans le rapport de 0,60 à 0,90 ; ou en multipliant par 10 les deux termes de ce rapport, l'alliage devra être fait dans la proportion de 6 grammes du premier lingot et 9 grammes du second ; ou enfin, en simplifiant, proportionnellement aux nombres 2 et 3.

Remarque. Si l'on avait mis cette condition que le lingot de l'alliage dût avoir un certain poids, 1235 grammes par exemple, il n'y aurait plus qu'à partager ce nombre en deux parties proportionnelles aux nombres 2 et 3, et l'on trouverait qu'il faudra prendre 494 grammes du premier lingot et 741 grammes du second.

Monnaies, mesures et poids étrangers. Calcul des nombres complexes.

242. — Dans le commerce avec les nations étrangères qui n'ont pas encore adopté notre système métrique, on a souvent besoin de convertir en unités de ce système les monnaies, les mesures ou les poids étrangers, ou bien il y a nécessité de vérifier des comptes ou des calculs faits

par un correspondant du dehors, en poids, mesures ou monnaies de son pays, etc. Ces conversions et ces vérifications exigent la connaissance du calcul des nombres complexes. Voyons quelques exemples :

ADDITION. — I. *Un commissionnaire en marchandises, de Londres, a fait pour le compte d'un commerçant de Paris quatre achats de vanille : le premier achat est de 2 livres 9 onces et 8 drachmes ; le deuxième, de 3 livres 8 onces 5 drachmes ; le troisième, de 4 livres 7 onces ; et le quatrième, de 1 livre 15 onces 9 drachmes. On demande quel est le total en livres, onces et drachmes ?*

Nota. La livre dont il s'agit s'appelle *livre avoir du poids* ; elle se divise en 16 onces, et l'once en 16 drachmes.

2 livres.	9 onces.	8 drachmes.
3	8	5
4	7	0
1	15	12
12 livres.	8 onces.	9 drachmes.

8+5+12 drachmes font 25 drachmes, ou 16 drachmes (c'est-à-dire 1 once) plus 9 drachmes : j'écris les 9 drachmes et je retiens 1 once pour l'ajouter à la colonne des onces.

1+9+8 onces font 18 onces, ou 1 livre et 2 onces ; je retiens 1 livre pour l'ajouter à la colonne des livres et je continue l'addition des onces ; 2+7+15 onces font 24 onces ou 1 livre et 8 onces : j'écris les 8 onces et, réunissant la livre à celle qui a été déjà retenue, j'ajoute ces 2 livres à la colonne des livres.

SOUSTRACTION. — II. *Sur les 12 livres 8 onces 9 drachmes de vanille, le commissionnaire de Londres en a rendu*

*au vendeur 2 livres 8 onces 12 drachmes, et il a expédié le
reste au commerçant de Paris : quel est ce reste?*

12 livres. 8 onces. 9 drachmes.

2   8   12

—————————————————

9 livres. 15 onces. 13 drachmes.

Ne pouvant retrancher 12 drachmes de 9 drachmes,
j'augmente le nombre supérieur d'une once ou 16 drachmes
qui, ajoutés aux 9 drachmes, font 25, et je dis 25—12=13;
j'écris 13 drachmes. Passant ensuite aux onces, j'ajoute
au nombre inférieur l'once que j'ai ajoutée au nombre
supérieur : j'ai donc à retrancher 9 onces de 8 onces ;
ajoutant à 8 onces 1 livre ou 16 onces, j'ai 24 onces, et
je dis 24—9=15, etc.

MULTIPLICATION. — III. *On demande ce que ces 9 livres
15 onces 13 drachmes font de kilogrammes, sachant qu'une
livre avoir du poids égale* 0^k,4534.

0^k, 4534

9 liv. 15 onc. 13 d.

—————————————————

9 livres	font. . . .	4^k, 0806
8 onces	»	0, 2267
4 »	»	0, 11335
2 »	»	0, 056675
1 »	»	0, 0283375
8 drachmes	»	0, 01416875
4 »	»	0, 007084375
1 »	»	0, 0035421875

—————————————————

4^k, 5304578125

D'abord les 9 livres font 4^k,0806; pour savoir ce que
les 15 onces font en fractions décimales du kilogramme,
je décompose le nombre 15 en parties aliquotes de

16 onces, valeur de la livre; et comme 1 livre vaut $0^k,4534$, la moitié de la livre, qui égale 8 onces, vaut $0^k,2267$ moitié de $0^k,4534$; ensuite pour 4 onces, moitié de 8 onces, je prends la moitié de $0,2267$ valeur de 8 onces; ainsi de suite.

IV. *Les 9 livres 15 onces 13 drachmes de vanille ont été achetées à Londres au prix de 2 livres sterling 14 schellings 6 pence la livre; suivant la note du commissionnaire de Londres, le montant de l'achat est de 27 livres sterling 4 schellings 4 pence et $\frac{43}{128}$. On demande de vérifier l'exactitude de ce résultat.*

Nota. La livre sterling se divise en 20 schellings et le schelling en 12 pence.

	2 liv. st.	14 sch.	6 p.
	9 liv.	15ᵒ	13 dr.
9 liv. à 2 liv. st. font. .	18 liv.		
» à 10 sch. » . .	4	10 sch.	
» à 2 *id.* » . .	0	18	
» à 2 *id.* » . .	0	18	
» à 6 p. » . .	0	4	6 p.
Prix de 8 onces.	1	7	3
» de 4 *id.*	0	13	7 $\frac{1}{2}$
» de 2 *id.*	0	6	9 $\frac{3}{4}$
» de 1 *id.*	0	3	4 $\frac{7}{8}$
» de 8 dr.	0	1	8 $\frac{7}{16}$
» de 4 *id.*	0	0	10 $\frac{7}{32}$
» de 1 *id.*	0	0	2 $\frac{71}{128}$
	27 liv. st.	4 sch.	4 p. $\frac{43}{128}$

J'ai d'abord supposé qu'on n'avait acheté que 9 livres de vanille, qui, au prix de 2 livres sterling la livre, coûtent 18 livres sterling; je raisonne ensuite de cette manière: si le prix était de 1 livre sterling, les 9 livres de marchandise coûteraient 9 livres sterling : donc 9 livres

à 10 schellings coûteront la moitié de 9 livres sterling,
ou 4 livres sterling et 10 schellings ; à 2 schellings elles-
coûtent le cinquième de 4 livres sterling 10 schellings, ou
18 schellings ; à 6 pence elles coûtent le quart de ce
qu'elles coûtent à 2 schellings, ou 4 schellings 6 pence.

Jusque-là le calcul a été fait comme si l'on n'avait acheté
que 9 livres de marchandise au prix de 2 livres sterling
14 schellings 6 pence la livre : il reste à trouver ce que
coûtent au même prix 15 onces 13 drachmes. Or, puisque
la livre de vanille coûte 2 livres sterling 14 schellings
6 pence, 8 onces coûterout la moitié, ou 1 livre sterling
7 schellings 3 pence ; 4 onces coûteront la moitié de ce
que coûtent 8 onces, etc.

DIVISION. — *Premier cas :* le dividende seul est complexe.

V. 9 *livres avoir du poids de vanille ont coûté 24 livres
sterling 10 schellings 6 pence : à combien revient la livre ?*

```
24 liv. st. 10 sch. 6 p. | 9
         6               | 2 liv. st. 14 sch. 6 p.
        20
        ___
       120
        10
        ___
       130
        40
         4
        ___
        12
        48
         6
        ___
        54
         0
```

Après avoir divisé 24 livres sterling par 9, je multiplie le reste 6 livres sterling par 20, pour convertir ces

6 livres sterling en schellings, et au produit 120 j'ajoute les 10 schellings du dividende ; je divise le résultat 130 schellings par 9, ce qui me donne 14 schellings au quotient et 4 schellings de reste : je multiplie ces 4 schellings par 12 pour les convertir en pence, etc.

Deuxième cas : Le dividende et le diviseur sont complexes.

Dans ce cas la manière la plus simple d'opérer est de réduire le dividende et le diviseur en unités de leur plus petite espèce ; puis, si ces unités ne sont pas de même nature dans les deux termes, on multiplie le dividende par les facteurs qu'on a employés pour réduire le diviseur en unités de la plus petite espèce, et réciproquement. L'opération est ainsi ramenée à la division d'un nombre entier par un nombre entier. Exemple :

VI. *9 livres avoir du poids 15 onces 13 drachmes de marchandise ont coûté 27 livres sterling 4 schellings 4 pence et $\frac{48}{128}$; à combien revient la livre avoir du poids?*

Je réduis d'abord le dividende 27 livres sterling, etc., en pence, ce qui donne 6532 pence ; je convertis ces 6532 pence en 128^{ièmes}, ce qui donne 836139 cent-vingt-huitièmes.

Réduisant de même le diviseur, 9 livres 15 onces 13 drachmes, en drachmes, j'obtiens 2557 drachmes, qui réduits aussi en 128^{ièmes} donnent le nombre 327296.

Pour réduire les livres en drachmes j'ai multiplié d'abord par 16, puis encore par 16, c'est-à-dire par $16 \times 16 = 256$: je multiplie le dividende 836139 par le nombre 256, ce qui donne pour dividende définitif 214051584. Pour réduire les livres sterling en pence, j'ai multiplié successivement par 20 et par 12, c'est-à-dire par $20 \times 12 = 240$; le diviseur sera donc $327296 \times 240 = 78551040$. J'ai donc à diviser 214051584 par 78551040.

$$\begin{array}{r|l} 214051584 & 78551040 \\ 56949504 & 2^{\text{liv. st.}} \; 14^{\text{sch.}} 6^{\text{p.}} \\ 20 & \\ \hline 1138990080 & \\ 353479680 & \\ 39275520 & \\ 12 & \\ \hline 471306240 & \\ 0 & \end{array}$$

Je trouve d'abord au quotient 2 livres sterling ; multipliant le reste 56949504 par 20, nombre de schellings que contient la livre sterling ; et, divisant le produit par le diviseur 78551040, j'obtiens au quotient 14 schellings ; ainsi de suite.

REMARQUES — I. On peut faire la division comme d'ordinaire et obtenir un quotient en nombre décimal. Ici, ce quotient serait 2,725, c'est-à-dire 2 livres sterling et 0,725 de la livre sterling. Multipliant par 20 ce dernier nombre décimal, on trouve 14,5, c'est-à-dire 14 schellings et 0,5 de schelling ; enfin, multipliant 0,5 par 12, on a 6 pence : le quotient total est donc 2 livres sterling 14 schellings et 6 pence.

II. Dans la plupart des cas, l'opération peut beaucoup se simplifier ; ici, par exemple, nous aurons successivement :

$$\frac{836139 \times 16 \times 16}{327296 \times 20 \times 12} = \frac{278713}{102280} = 2^{\text{liv. st.}} \; 14^{\text{sch.}} 6^{\text{p.}}$$

Changes et arbitrages. Règle conjointe.

243. — En terme de banque le mot *change* se dit de l'opération qui consiste à faire remettre une somme d'argent d'une ville à une autre. Par exemple : Paul, de Paris, veut payer 1200 francs à un fabricant de savon qui habite Marseille : il compte cette somme à Jacques, banquier de Paris ; et celui-ci remet à Paul un écrit au moyen duquel le fabricant de savon pourra aller toucher ses 1200 francs chez un banquier ou chez tout autre commerçant de Marseille.

L'écrit que Jacques donne à Paul, et dont le but est, comme on le voit, d'éviter le transport matériel du numéraire, est ce qu'on appelle une *lettre de change.*

244. — Le mot *change* se dit aussi, et plus ordinairement, de la différence entre la valeur nominale d'une lettre de change ou de tout autre effet de commerce, et sa valeur en espèces dans une ville autre que celle où cet effet est payable.

Cette différence est quelquefois en faveur de l'argent, et quelquefois en faveur du *papier*, c'est-à-dire de l'effet de commerce. Pour le papier sur les places de l'intérieur de la France elle s'exprime à *tant* pour 100 : par exemple $\frac{1}{4}$ p. o/o, $\frac{1}{2}$ p. o/o, etc.

Ainsi la lettre de change de 1200 francs sur Marseille, que Jacques de Paris a donnée à Paul et que nous supposerons à l'échéance de 30 jours, c'est-à-dire payable 30 jours après sa date, pourra, si Paul veut la céder à une autre personne, perdre ou gagner $\frac{1}{4}$ p. o/o,

$\frac{1}{2}$ p. o/o, etc.; et l'on dira à Paris que le change sur Marseille est à $\frac{1}{4}$ p. o/o de perte, ou de bénéfice, au papier.

Le premier cas, celui de perte au papier, aura lieu à Paris, lorsqu'il sera facile de s'y procurer des effets payables à Marseille. Dans le cas contraire, le papier sur Marseille étant rare à Paris, ce papier sera recherché et pourra se payer $\frac{1}{4}$ p. o/o, $\frac{1}{2}$ p. o/o, etc., en sus de sa valeur nominale.

Si la différence entre la valeur nominale de l'effet et celle de l'argent est nulle, on dit que le change est *au pair*.

Pour un effet de commerce payable dans un des pays étrangers qui ont adopté notre système monétaire, tels que la Belgique et les États-Sardes, le change se fait comme pour une place de l'intérieur, à tant pour 100 de perte ou de bénéfice au papier.

Mais il n'en est pas de même si l'effet est payable dans un pays étranger où le système monétaire est différent du nôtre : le change est alors le prix plus ou moins élevé de l'unité ou d'un nombre déterminé d'unités monétaires de ce pays. Soit, par exemple, une lettre de change de 162 livres sterling tirée de Paris sur Londres; elle pourra se *négocier* à Paris, c'est-à-dire s'y vendre au prix de 25^f,21 la livre sterling, ce qui est la valeur intrinsèque de cette livre ; mais il pourra se faire aussi que, par suite de la rareté ou de l'abondance sur la place de Paris du papier payable à Londres, le prix de la livre sterling soit supérieur ou inférieur à 25^f,21.

De même un effet payable à Hambourg en marcs lubs ou *banco* (de banque), se négociera sur la place de Paris à 186 francs les 100 marcs lubs, ou bien à plus ou moins de 186 francs.

Ces notions suffisent pour l'intelligence et la solution des problèmes qui suivent.

PROBLÈMES. — I. *Un négociant de Paris doit à son correspondant de Bordeaux ; pour le payer, il prend sur la place de Paris, au change de $\frac{1}{4}$ p. o/o de bénéfice au papier, un effet de 2500 francs payable à Bordeaux, et en fait remise, c'est-à-dire l'envoie à son correspondant. Combien cet effet a-t-il coûté au négociant de Paris ?*

$$\text{Un effet de } 100 \text{ fr. gagne.} \dots \frac{1}{4} \text{ de fr.}$$

$$\text{» de } 1 \text{ fr. » } \dots \frac{1}{4 \times 100}$$

$$\text{» de } 2500 \text{ fr. » } \dots \frac{1 \times 2500}{4 \times 100} = 6^{\text{f}},25.$$

Le négociant de Paris aura donc déboursé $2500^{\text{f}} + 6^{\text{f}},25 = 2506^{\text{f}},25$.

REMARQUE. On voit que le calcul consiste à prendre le $\frac{1}{4}$ p. o/o de 2500 francs, c'est-à-dire à multiplier cette somme par $\frac{1}{4}$ et à diviser le produit par 100.

II. *Un commerçant de Gênes doit à son correspondant de Lyon 6924 livres nouvelles, ou francs ; et il l'invite à tirer sur lui une lettre de change, à 90 jours. Le négociant de Lyon fait cette lettre de change ou traite ; puis il la négocie sur sa place à $\frac{1}{2}$ p. o/o de perte : quelle somme reçoit-il de celui à qui il la cède ?*

Par le même raisonnement que ci-dessus on trouvera que le $\frac{1}{2}$ p. o/o de 6924 francs est $34^{\text{f}},62$: le cédant de l'effet recevra donc $6924^{\text{f}} - 34^{\text{f}},62 = 6889^{\text{f}},38$.

III. *On a un effet de* 4252^f,15 *payable à Nantes, et l'on charge un banquier de Paris d'en faire le recouvrement. Ce banquier déduit du montant de cet effet* $\frac{3}{8}$ *p. o/o de perte de place, plus* $\frac{1}{2}$ *p. o/o de commission de banque. Quelle est la somme qui revient au propriétaire de l'effet ?*

$\frac{3}{8}$ p. o/o de perte au papier et $\frac{1}{2}$ p. o/o de commission de banque font $\frac{7}{8}$ p. o/o : le banquier déduira donc les $\frac{7}{8}$ p. o/o de 4252^f,15, c'est-à-dire 37^f,20, et il comptera au propriétaire de l'effet 4214^f,95.

IV. *Un banquier de Paris doit à son correspondant de Londres* 162 *livres sterling : pour le payer, il prend sur la place de Paris, au change de* 25^f,30 *la livre sterling, un effet sur Londres, et en fait remise à ce correspondant. Que coûtent au banquier de Paris ces* 162 *livres sterling ?*

Solution : $\qquad$ 25^f,30 $\times$ 162 $=$ 4098^f,60.

V. *Un négociant de Hambourg doit à son correspondant de Paris,* 2321 *marcs lubs* 10 *sous. Ce dernier fait sur le négociant de Hambourg une traite de pareille somme, et la négocie à Paris au change de* 185 *francs les* 100 *marcs lubs. Quelle somme reçoit-il ?*

Nota. Le marc lub se divise en 16 sous lubs.

100 marcs lubs	produisent.	185 fr.
1 m. l.	produit. . .	$\dfrac{185}{100}$
1 sou lub	» . . .	$\dfrac{185}{100 \times 16}$
2321 m. l. 10^s ou 37146^s produisent.		$\dfrac{185 \times 37146}{100 \times 16} = 4295$ fr.

Remarque. On voit qu'il faut multiplier le montant de la traite par le prix des 100 marcs lubs, et diviser le

produit par 100. On pourra donc résoudre le problème
sans réduire les marcs en sous lubs, en multipliant
185 francs par le nombre complexe 2321 marcs lubs 10
sous, et en divisant ensuite le produit par 100.

245. ARBITRAGES EN BANQUE. Dans l'énoncé des problèmes précédents, il n'y a pas eu de place de commerce
intermédiaire, soit pour la traite soit pour la remise :
comme on dit en termes de commerce, le change est alors
direct. Pour les effets sur l'étranger il y a souvent avantage à faire usage du change *indirect*, c'est-à-dire à faire
intervenir dans l'opération de la traite ou de la remise
une ou plusieurs places intermédiaires.

Par exemple, dans le cas du problème IV, le banquier
de Paris, au lieu de remettre à son correspondant de
Londres, du papier payable dans cette dernière ville,
pourrait prendre à Paris du papier payable à Amsterdam
ou à Hambourg, et le remettre à son correspondant de
Londres : celui-ci négocierait cet effet à Londres même,
et se trouverait ainsi payé des 162 livres sterling qui lui
sont dues.

Il est évident que cette combinaison ne saurait con-
venir au banquier de Paris, qu'autant qu'elle lui offrirait
l'avantage de payer la livre sterling à un prix moindre
que le change direct, que nous supposerons à 25^f,30.
L'inconnue du problème est donc le prix en francs de la
livre sterling. Mais pour résoudre ce problème, il faut
que le banquier de Paris sache : 1° ce que lui coûtera à
Paris le papier sur Amsterdam ; 2° le prix auquel son
correspondant vendra à Londres ce même papier sur
Amsterdam.

Nous poserons donc le problème dans ses termes les plus simples : il nous sera facile ensuite, dans le cas où le change indirect serait préférable au change direct, de calculer la somme en monnaie d'Amsterdam qui serait nécessaire au correspondant de Londres, pour qu'il reçût exactement les 162 livres sterling qu'on lui doit.

VI. *Dans le cas où Paris devrait à Londres et aurait à lui remettre du papier,* ou en termes plus courts, *dans le cas de la remise, le change indirect de Paris avec Londres par Amsterdam, serait-il préférable au change direct, les cours des changes étant :*

  à *Paris :* Londres 25'30 *pour* 1 *livre sterling.*
        Amsterdam 209 fr. » 100 *florins.*
  à *Londres :* Amsterdam 12 *florins pour* 1 *livre sterling ?*

1re *Méthode.* Suivons l'opération du banquier de Paris. Il achète du papier sur Amsterdam, et 100 florins lui coûtent 209 francs ; il envoie ce papier à son correspondant de Londres, et celui-ci le vend au prix de 1 livre sterling les 12 florins. Nous n'avons qu'à suivre le même ordre dans la solution. Ainsi :

$$100 \text{ florins} \quad \text{coûtent} \ldots \ldots \quad 209 \text{ fr.}$$

$$1 \text{ florin} \quad \text{coûte} \ldots \ldots \quad \frac{209}{100}$$

$$12 \text{ florins} \quad \text{coûtent} \ldots \ldots \quad \frac{209 \times 12}{100}$$

Et puisqu'une livre sterling vaut autant que 12 florins,

$$1 \text{ liv. st.} \quad \text{coûtera} \ldots \ldots \quad \frac{209 \times 12}{100} = 25^{\text{f}},08.$$

Ainsi le change indirect est préférable au change direct, qui, d'après les données du problème est de 25^f,30.

Maintenant, si l'on veut savoir de combien de florins devra être l'effet sur Amsterdam pour que le correspondant de Londres reçoive exactement les 162 livres sterling qui lui sont dues , il suffira de multiplier 12 florins par 162, puisque ce correspondant, en vendant à Londres l'effet sur Amsterdam, sera obligé de donner 12 florins pour recevoir une livre sterling. Le calcul donne 1944 florins, qui, achetés à Paris au change de 209 francs les 100 florins, coûteront 4062^t,96.

REMARQUE. Le problème précédent est ce qu'on appelle en termes de commerce un *arbitrage en banque*. On résolvait autrefois ces sortes de problèmes par les proportions et le calcul s'appelait *règle conjointe* : l'usage le plus ordinaire est aujourd'hui, dans les bureaux, de les résoudre par une suite d'égalités disposées dans l'ordre même des opérations successives du banquier et de son correspondant. Ainsi le banquier de Paris achète 100 florins d'Amsterdam au prix de 209 francs ; on a donc la première égalité

$$209 \text{ fr.} = 100 \text{ florins.}$$

Le correspondant de Londres vend les florins à raison de 12 florins pour 1 livre sterling ; on pose donc

$$12 \text{ florins} = 1 \text{ livre sterling.}$$

Enfin le banquier de Paris veut savoir à quel prix le change indirect lui fera ressortir la livre sterling ; on a pour troisième et dernière égalité

$$1 \text{ livre sterling} = x \text{ francs.}$$

Mettons ces trois égalités à la suite les unes des autres :

$$209 \text{ fr.} = 100 \text{ flor.}$$
$$12 \text{ flor.} = 1 \text{ liv. st.}$$
$$1 \text{ liv. st.} = x \text{ fr.}$$

Si l'on remarque l'ordre dans lequel sont disposés les membres de ces égalités, on verra qu'à partir de la deuxième inclusivement, le premier membre de chaque égalité exprime une monnaie de même dénomination que celle du second membre de l'égalité précédente; et que, de plus, le second membre de la dernière égalité exprime la même monnaie que le premier membre de la première. Il devra toujours en être ainsi.

Reprenons les égalités ci-dessus et multiplions-les membre à membre ; il vient :

$$209 \text{ fr.} \times 12 \text{ flor.} \times 1 \text{ liv. st.} = 100 \text{ flor.} \times 1 \text{ liv. st.} \times x \text{ fr.}$$

Comme 12 florins et 100 florins sont respectivement la même chose que 12 fois 1 florin et 100 fois 1 florin, nous pouvons écrire :

$$209 \text{ fr.} \times 1 \text{ flor.} \times 12 \times 1 \text{ liv. st} = 1 \text{ flor.} \times 100 \times 1 \text{ liv. st.} \times x \text{ fr.}$$

Puis, supprimant les facteurs, 1 florin et 1 livre sterling, qui se trouvent également dans les deux membres de cette égalité, il vient enfin

$$209 \text{ fr.} \times 12 = 100 \times x \text{ fr.}$$

d'où

$$x = \frac{209 \times 12}{100} = 25,08.$$

VII. *Hambourg doit à Paris. Paris peut tirer directement, c'est-à-dire faire une traite sur Hambourg (comme dans le problème V), ou tirer sur un correspondant de*

Saint-Pétersbourg, en donnant ordre à celui-ci de se rembourser au moyen d'une traite sur Hambourg. On veut savoir si ce mode d'opérer par le change indirect est préférable au change direct, sachant que les cours sont :

à *Paris :*   Hambourg   185 fr. *les* 100 *marcs lubs.*

                 St-Pétersbourg 390 fr. *les* 100 *roubles.*

à *St-Pétersbourg :* Hambourg   34 *sous* 7/8 *pour* 1 *rouble.*

Si le banquier de Paris tire directement sur Hambourg, en marcs lubs, il négociera sa traite au prix de 185 fr. les 100 marcs lubs ; s'il tire sur St-Pétersbourg, en roubles, il vendra ces roubles au prix de 390 francs les 100 roubles. Comme en définitive Hambourg aura des marcs lubs à payer, 2321 par exemple (problème V), et que le banquier de Paris recevra des francs, la question est de savoir si le change indirect par Saint-Pétersbourg, sera préférable pour le banquier de Paris ; c'est-à-dire si 100 marcs lubs lui produiront plus de 185 francs, qu'il peut obtenir par la traite directe.

Afin de n'avoir à opérer que sur des nombres entiers, convertissons d'abord les 34 sous $\frac{7}{8}$ en huitièmes ; nous aurons pour la cote de Saint-Pétersbourg $\frac{279}{8}$ de sou lub, valeur de 1 rouble, ou 279 sous lubs pour 8 roubles.

Première méthode.

100 roubles   produisent. . . .   390 fr.

1 rouble   produit . . . . . $\dfrac{390 \text{ fr.}}{100}$

8 roubles   produisent. . . . $\dfrac{390^f \times 8}{100}$

Et puisque   8 roubles valent 279 sous lubs,

$$279 \text{ s. lubs} \quad \text{produiront.} \ldots \quad \frac{390^{f} \times 8}{100}$$

$$1 \text{ s. lub} \quad \text{produira.} \ldots \quad \frac{390^{f} \times 8}{100 \times 279}$$

Donc 1 marc lub ou 16 sous lubs produiront. $\quad \dfrac{390^{f} \times 8 \times 16}{100 \times 279}$

Et enfin 100 m. l. produiront. . . . . . $\quad \dfrac{390^{f} \times 8 \times 16 \times 100}{100 \times 279}$

$$= \frac{390^{f} \times 8 \times 16}{279} = 178^{f},92.$$

Le change direct sera donc préférable au change indirect.

Deuxième méthode.

$$
\begin{aligned}
390 \text{ fr.} &= 100 \text{ roubles.}\\
1 \text{ rouble} &= 34 \text{ s. lubs } 7/8.\\
16 \text{ s. lubs} &= 1 \text{ marc lub.}\\
100 \text{ marcs lubs.} &= x \text{ fr.}
\end{aligned}
$$

ou, en faisant disparaître les fractions,

$$
\begin{aligned}
390 \text{ fr.} &= 100 \text{ roubles.}\\
8 \text{ roubles.} &= 279 \text{ s. lubs,}\\
16 \text{ s. lubs.} &= 1 \text{ marc lub.}\\
100 \text{ marcs lubs} &= x \text{ fr.}
\end{aligned}
$$

Multipliant membre à membre et supprimant de part
et d'autre les facteurs communs en monnaies étrangères,
il vient :

$$390 \text{ fr.} \times 8 \times 16 \times 100 = 100 \times 279 \times 1 \times x \text{ fr.}$$

d'où $x = \dfrac{390^{f} \times 8 \times 16 \times 100}{100 \times 279 \times 1} = \dfrac{390 \times 8 \times 16}{279} = 178^{f},92.$

Essayons maintenant un arbitrage avec deux places intermédiaires.

VIII. *Paris doit à Berlin : au lieu de remettre à Berlin
du papier sur cette place, pris à Paris au change de
371 francs les 100 rixdales de Prusse, le banquier de Paris*

pourrait prendre du papier sur Hambourg et l'envoyer à son correspondant de cette dernière ville , avec l'ordre de prendre du papier sur Amsterdam et de l'envoyer à un banquier d'Amsterdam, lequel à son tour prendrait sur sa place du papier payable à Berlin, et le remettrait au banquier de Berlin, à qui il est dû par le banquier de Paris. On demande si ce moyen serait préférable au premier, les changes étant :

à *Paris :* Berlin   371 fr. *pour 100 rixdales de Prusse.*
           Hambourg   185ᶠ 1/4 *pour 100 marcs lubs.*

à *Hambourg :* Amsterdam   35 *stuyvers pour un déalder.* NOTA : 20 stuyvers font 1 florin d'Amsterdam, et 1 déalder $=$ 2 marcs lubs.

à *Amsterdam :* Berlin 172 florins 1/2 *pour 100 rixdales de Prusse* (ou 345 florins pour 200 rixdales).

D'après l'énoncé du problème, nous voulons savoir si le prix de 100 rixdales de Prusse est inférieur ou supérieur au change direct 371 francs.

Première méthode.

100 marcs lubs coûtent. 185ᶠ,25

1 marc lub coûte. . . . . $\dfrac{185^f,25}{100}$

1 déalder ou 2 marcs lubs coûtent. $\dfrac{185^f,25 \times 2}{100}$

Et puisque 35 stuyvers valent 1 déalder,

35 stuyvers coûtent aussi. . . . . $\dfrac{185^f 25 \times 2}{100}$

1 stuyver coûtera. . . . . $\dfrac{185^f,25 \times 2}{100 \times 35}$

20 stuyvers ou 1 florin coûteront $\dfrac{185^f,25 \times 2 \times 20}{100 \times 35}$

345 florins coûteront. . . . . $\dfrac{185^f 25 \times 2 \times 20 \times 345}{100 \times 35}$

Mais 345 florins valent 200 rixdales : donc aussi

200 rixdales coûteront. . . . . $\dfrac{185^{f},25 \times 2 \times 20 \times 345}{100 \times 35}$

Et enfin

100 rixdales coûteront. . . . . $\dfrac{185^{f},25 \times 2 \times 20 \times 345}{100 \times 35 \times 2}$

$$= \dfrac{185^{f},25 \times 4 \times 345}{100 \times 7} = 365^{f},20.$$

Le change indirect est donc préférable, puisque par ce moyen les 100 rixdales ne coûteront au banquier de Paris que 365^f,20 au lieu de 371 francs, prix du change direct. Il est vrai qu'il aura à payer une commission à chacun des banquiers intermédiaires de Hambourg et d'Amsterdam , plus les ports de lettres : supposons que cela augmente le prix des 100 rixdales de $\frac{3}{4}$ p. o/o ; elles ne coûteront que 367^f,93, prix encore inférieur de beaucoup au change direct.

Deuxième méthode.

$$
\begin{array}{rcl}
185^{f},25 & = & 100 \text{ marcs l.} \\
2 \text{ marcs l.} & = & 1 \text{ déalder.} \\
1 \text{ déalder} & = & 35 \text{ stuyvers.} \\
20 \text{ stuyvers.} & = & 1 \text{ florin.} \\
172 \text{ florins } 1/2 & = & 100 \text{ rixdales.} \\
100 \text{ rixdales.} & = & x \text{ fr.}
\end{array}
$$

ou, en faisant disparaître les fractions,

$$
\begin{array}{rcl}
185^{f},25 & = & 100 \text{ marcs l.} \\
2 \text{ marcs l.} & = & 1 \text{ déalder.} \\
1 \text{ déalder} & = & 35 \text{ stuyvers.} \\
20 \text{ stuyvers} & = & 1 \text{ florin.} \\
345 \text{ florins} & = & 200 \text{ rixdales.} \\
100 \text{ rixdales} & = & x \text{ fr.}
\end{array}
$$

Multipliant membre à membre et supprimant de part et d'autre les facteurs communs en monnaies étrangères, il vient :

$$185^f,25 \times 2 \times 1 \times 20 \times 345 \times 100 = 100 \times 1 \times 35 \times 1 \times 200 \times x \text{ fr.}$$

$$\text{d'où } x = \frac{185^f,25 \times 2 \times 1 \times 20 \times 345 \times 100}{100 \times 1 \times 35 \times 1 \times 200} = \frac{185^f,25 \times 4 \times 345}{100 \times 7}$$

$$= 365^f,20.$$

246. — ARBITRAGES EN MARCHANDISES. Ces sortes de problèmes, dont un exemple fera connaître suffisamment la nature, sont assez semblables aux arbitrages en banque, et se résolvent par des procédés analogues.

IX. *Un négociant de Bordeaux achète en Espagne 1000 arrobes de laine à raison de 7 piastres $\frac{1}{2}$ l'arrobe. Il paye le vendeur en un effet sur Bilbao, pris à Bordeaux au change de 5^f,20 pour une piastre ; en outre le transport des laines jusqu'à Bordeaux et les autres frais sont évalués à 10 p. o/o. On demande à combien reviendra le kilogramme de ces laines rendues à Bordeaux, sachant que : 1° Une arrobe vaut 25 livres de Castille ; 2° Une livre de Castille = 0^k,460 (ou 100 liv. = 46 kilogrammes) ?*

Laissons de côté pour le moment les 10 p. o/o de transport et de frais : il sera facile de les ajouter au prix d'achat lorsque nous le connaîtrons.

Première méthode. Prenons l'opération à son début, c'est-à-dire à l'achat fait en Espagne. Nous dirons :

$$\begin{array}{ll}
\text{1 arrobe ou 25 livres coûtent.} & \text{7 piastres 1/2,} \\
\text{ou} \quad \text{2 arrobes} = \text{50 livres coûtent.} & \text{15 piastres,}
\end{array}$$

Et puisqu'une piastre vaut $5^f,20$,

$$\begin{array}{ll}
\text{50 livres coûtent} \ldots\ldots\ldots & 5^f,20 \times 15 \\[2mm]
\text{1 livre coûtera} \ldots\ldots\ldots & \dfrac{5^f,20 \times 15}{50} \\[3mm]
\text{100 livres ou 46 kilog. coûteront.} & \dfrac{5^f,20 \times 15 \times 100}{50} \\[3mm]
\text{Enfin} \quad \text{1 kilog. coûtera} \ldots\ldots\ldots & \dfrac{5^f,20 \times 15 \times 100}{50 \times 46}
\end{array}$$

$$= \frac{5^f,20 \times 15}{23} = 3^f,391.$$

Ajoutant à ce nombre le 10 p. o/o ou le $\frac{1}{10}$ de ce même nombre, c'est-à-dire o^f,33g, on trouvera 3^f,73 pour le prix demandé.

Deuxième méthode.

$$
\begin{aligned}
5^f,20 &= 1 \text{ piastre.} \\
7 \text{ piastres } 1/2 &= 1 \text{ arrobe.} \\
1 \text{ arrobe} &= 25 \text{ livres.} \\
1 \text{ livre} &= 0^k,460 \\
1 \text{ kilog.} &= x \text{ fr.}
\end{aligned}
$$

ou, en faisant disparaître les fractions,

$$
\begin{aligned}
5^f,20 &= 1 \text{ piastre.} \\
15 \text{ piastres} &= 2 \text{ arrobes.} \\
1 \text{ arrobe} &= 25 \text{ livres.} \\
100 \text{ livres.} &= 46 \text{ kil.} \\
1 \text{ kil.} &= x \text{ fr.}
\end{aligned}
$$

Multipliant membre à membre et supprimant les facteurs communs, il vient :

$$
x = \frac{5^f,20 \times 15}{23} = 3^f,3g1,
$$

résultat égal à celui qui a été obtenu par la première méthode.

LIVRE HUITIÈME.

APPROXIMATIONS NUMÉRIQUES. — LOGARITHMES.
— RÈGLE A CALCULS.

Des erreurs absolues.

247. — *L'erreur absolue* commise en remplaçant un nombre par une valeur qui en approche par *défaut* ou par *excès*, est la différence entre la valeur exacte du nombre que l'on considère et sa valeur approchée.

248. — Lorsque, à partir de la *droite* d'un nombre entier donné, on substitue des zéros à la place de plusieurs chiffres significatifs : l'erreur absolue commise est moindre qu'une unité du *premier* ordre que l'on conserve.

Par exemple, si l'on remplace le nombre 35432 par 35400, c'est-à-dire si l'on substitue des zéros à la place du 2 et du 3, qui représentent le chiffre des unités et celui des dizaines du nombre considéré, l'erreur absolue commise est inférieure à *une* centaine, car 32 est moindre que 100.

249. — Si nous substituons à la valeur exacte 35432 le nombre 35500 que l'on obtient en augmentant d'une unité le premier chiffre significatif 4 que l'on conserve dans 35400; l'erreur absolue commise sera, par *excès*, égale à la différence (35500 - 35432) ou bien [(35400 + 100) — (35400 + 32)], ou bien encore, à (100 — 32), c'est-à-dire que cette différence sera inférieure à 100.

250. — Lorsque, à partir de la *droite* d'un nombre décimal donné , on substitue des zéros à la place de plusieurs chiffres décimaux ; l'erreur absolue commise est moindre qu'une unité de l'ordre du *premier* chiffre décimal que l'on conserve.

Par exemple, si l'on remplace le nombre décimal 34,678952 par 34,670000 ou bien par 34,67, l'erreur absolue commise sera inférieure à 0,01 : car la différence des nombres 34,678952 et 34,67 est 0,008952, nombre moins grand qu'*un centième*.

Le principe énoncé serait encore vrai, si l'on augmentait d'une unité le premier chiffre conservé; mais alors on obtiendrait une valeur approchée par *excès*.

251. — On peut demander que l'erreur absolue n'excède point une *demi-unité* du *premier* ordre que l'on conserve. Examinons *trois* cas.

1° Si la partie décimale négligée est simplement représentée par un seul chiffre, et que ce chiffre significatif unique soit égal à 5, l'erreur absolue commise sera exactement d'une *demi-unité* du premier ordre conservé. Exemple, si à la valeur exacte 0 ,3165, nous substituons le nombre approché 0,316, nous commettons l'erreur absolue, par défaut, 0,0005 qui est 5 dix-millièmes, ou *un demi-millième* ; c'est-à-dire une *demi-unité* du premier ordre que l'on a conservé.

En substituant à la valeur exacte 0,3165 le nombre approché 0,317, nous aurons une erreur absolue, par excès, égale à 0,0005.

2° Lorsque le dernier des chiffres négligés est inférieur à 5, l'erreur absolue commise est plus petite qu'une *demi-unité* du *premier* ordre conservé. Ainsi, en substituant au nombre 0,367189 le nombre 0,367 l'erreur absolue qui est 0,000189 est évidemment inférieure à 0,0002 et *à fortiori* elle est plus petite que 0,0005 c'est-à-dire qu'un *demi-millième*.

3° Lorsque le *dernier* des chiffres négligés est 5, suivi d'un ou plusieurs chiffres significatifs, ou bien encore si le *dernier* des chiffres que l'on supprime est supérieur à 5, il faudra augmenter d'une unité le *premier* chiffre conservé. Par exemple, substituons à 0,3146 au nombre 0,3146523, l'erreur absolue sera supérieure à *un demi-dix-millième*; car, cette erreur absolue est représentée par le nombre décimal 0,0000523 qui égale 0,00005 plus 0,0000023, c'est-à-dire *un demi-dix-millième*, plus 0,0000023.

Mais si nous substituons 0,3147 au nombre 0,3146523, l'erreur absolue commise sera, par excès, inférieure à *un demi-dix-millième*; car d'après ce qui vient d'être écrit, nous ajoutons évidemment au nombre décimal donné 0,3146523 un nombre moins grand qu'*un demi-dix-millième*, pour obtenir le nombre 0,3147.

Multiplication abrégée.

252. — Le produit des deux nombres 345,9382264 et 357,238 est égal à 123582,2801226832 : comme on le voit, ce produit contient *dix* chiffres décimaux.

Admettons que dans une question, nous ayons seulement à trouver une valeur approchée du produit que nous venons d'écrire, avec une erreur moindre qu'une puissance de la fraction décimale $\frac{1}{10}$ par *défaut* ou par *excès*.

Proposons-nous, par exemple, de trouver une valeur approchée du produit des nombres donnés, avec une erreur moindre que la fraction $\frac{1}{10}$ elle-même.

On apprécie immédiatement l'opportunité de substituer à la multiplication ordinaire qui a fourni le produit 123582,2801226832 une autre opération moins longue et qui donne seulement, avec l'approximation désignée d'avance, le produit des deux nombres donnés, dont il est inutile d'obtenir la valeur exacte.

Le produit du multiplicande 345,9382264 par le multiplicateur 357,238 est évidemment égal au produit du même multiplicande par la somme $(300 + 50 + 7 + 0,2 + 0,03 + 0,008)$.

Au lieu d'effectuer la première multiplication partielle, qui consisterait à multiplier le multiplicande par 0,008, nous substituons à cette opération une autre multiplication qui a pour multiplicande 345 seulement, et pour multiplicateur 0,008.

En remplaçant la première multiplication partielle que nous avions à faire, par celle qui vient d'être indiquée, nous commettons évidemment une erreur, qui est inférieure à $1 \times 0,008$, c'est à-dire à 8 millièmes. En effet, la partie 0,9382264 que nous avons négligée dans le multiplicande étant inférieure à 1, le produit de 0,9382264 par 0,008 est plus petit que 8 millièmes.

Au lieu de multiplier le multiplicande par 0,03 multiplions 345,9 par 0,03; la partie 0,0382264 négligée dans le multiplicande étant inférieure à 0,1, l'erreur absolue que nous venons de commettre est inférieure au produit de 0,1 par 0,03, c'est-à-dire que cette deuxième erreur est plus petite que 0,003.

En remplaçant la troisième multiplication partielle par une autre, qui consiste à multiplier 345,93 par 0,2, l'erreur absolue commise est inférieure à 0,002 ; ainsi qu'il est facile de le reconnaître d'après ce qui précède.

Substituons à la quatrième multiplication partielle le produit de 345,938 par 7 et l'erreur commise sera moins grande que 0,007.

En multipliant 345,9382 par 50, l'erreur commise est inférieure à 0,005.

Et en multipliant enfin 345,93822 par 300, l'erreur commise est plus petite que 0,003.

Ainsi, en remplaçant les *six* multiplications partielles qui se présentaient naturellement, par *six* autres multiplications dont les produits expriment tous des millièmes, nous avons commis *six* erreurs dont les limites sont les nombres suivants :

$$
\begin{aligned}
1^{\circ} \ldots \ldots \ldots \ldots \; & 0,008 \\
2^{\circ} \ldots \ldots \ldots \ldots \; & 0,003 \\
3^{\circ} \ldots \ldots \ldots \ldots \; & 0,002 \\
4^{\circ} \ldots \ldots \ldots \ldots \; & 0,007 \\
5^{\circ} \ldots \ldots \ldots \ldots \; & 0,005 \\
6^{\circ} \ldots \ldots \ldots \ldots \; & 0,003 \\
\hline
& 0,028
\end{aligned}
$$

Nota. Le mot *limite* est employé ici comme simple locution abréviative et nullement dans le sens que l'on doit lui attribuer d'après la définition que nous avons donnée page 2.

La somme des limites des erreurs commises en remplaçant la multiplication ordinaire par l'opération que nous venons de faire, et qui porte le nom de *multiplication abrégée*, est donc égale à 0,028. Et l'on voit que ce nombre 28 est la somme des valeurs absolues des chiffres du multiplicateur.

Or, cette somme limite est inférieure à 0,1, car la somme des valeurs absolues des chiffres du multiplicateur est inférieure à 100.

253. — Dans la pratique, nous effectuerons les calculs de la manière suivante :

$$
\begin{aligned}
& \overset{\textstyle .\;.\,.\,.\,.\;.}{345{,}9382\;264} \\
& \phantom{345{,}}357{,}238 \\
\hline
& 2\;760 \\
& 10\;377 \\
& 69\;186 \\
& 2421\;566 \\
& 17296\;910 \\
& 103781\;466 \\
\hline
& 123582{,}265
\end{aligned}
$$

Comme le produit que nous venons d'écrire exprime des millièmes, nous plaçons une virgule entre le troisième chiffre et le quatrième chiffre à partir de la droite.

Cela posé : l'excès du produit exact des deux nombres donnés, sur 123582,265 étant inférieur à 0,028 et *à fortiori* à 0,1 ; si au nombre 123582,265 nous ajoutons 0,1, nous obtiendrons le nombre 123582,365, qui sera supérieur au produit exact des deux nombres donnés; ainsi ce produit est compris entre 123582,265 et 123582,365, qui diffèrent de 0,1; le nombre décimal 123582,3 est pareillement compris entre les mêmes nombres ; donc *à fortiori*, la différence entre le produit des deux nombres donnés et 123582,3 est inférieure à 0,1. Ainsi 123582,3 est une valeur approchée du produit des deux nombres donnés, avec une erreur moindre que 0,1. Pour obtenir ce nombre 123582,3, on barre dans le produit 123582,265 le premier chiffre de droite 5, ainsi que le second 6, et on remplace le 2 par un 3, c'est-à-dire que l'on augmente le 2 de 1.

254.—REMARQUES.—I. Dans l'exemple que nous avons choisi pour exposer la théorie de la multiplication abrégée, la somme 28 des valeurs absolues de tous les chiffres du multiplicateur 357,238 est moindre que 100, et nous avons opéré de manière à faire exprimer à chaque produit partiel des unités d'un ordre *cent* fois plus faible que celui qui marque l'approximation donnée. Si la somme des valeurs absolues de tous les chiffres du multiplicateur proposé était comprise entre 100 et 1000, on opérerait de manière à faire exprimer à chaque produit partiel des unités d'un ordre *mille* fois plus faible que celui qui marque l'approximation donnée, et ainsi de suite.

II. Soit proposé de multiplier 24,56 par 56,789828 et de trouver le produit avec une erreur inférieure à 0,1. Comme il a été indiqué, nous allons opérer de manière à ce que chaque produit partiel exprime des millièmes. Or, les plus hautes unités du multiplicande sont des dizaines; donc, il n'y a point dans ce multiplicande des unités de l'ordre dont le produit par 0,000008 exprime des millièmes; alors on n'emploie pas le multiplicateur 0,000008. Pour une raison analogue, on néglige aussi 0,00002 ; mais alors nous commettons une erreur inférieure au produit de 3 dizaines par 0,0001, qui égale 0,003, car le multiplicande 24,56 est plus petit que 3 dizaines, et la partie 0,000028, négligée dans le multiplicateur, est inférieure à 0,0001.

Nous multiplierons ensuite :

$$
\begin{array}{llll}
1^\circ \ . \ . \ . \ . & 20 & \text{par} & 0,0008 \\
2^\circ \ . \ . \ . \ . & 24 & » & 0,009 \\
3^\circ \ . \ . \ . \ . & 24,5 & » & 0,08 \\
4^\circ \ . \ . \ . \ . & 24,56 & » & 0,7 \\
5^\circ \ . \ . \ . \ . & 24,560 & » & 6 \\
6^\circ \ . \ . \ . \ . & 24,5600 & » & 50 \\
\end{array}
$$

Ces indications de calculs prouvent que pour avoir, dans notre exemple, une limite supérieure d'erreur commise, il suffit d'ajouter à 3 exprimant des millièmes la somme $(8 + 9 + 8)$ qui exprime aussi des millièmes ; on voit, en effet, que les trois dernières multiplications n'ont pas fourni d'erreurs.

Division abrégée.

255. — La division abrégée a pour but de trouver (en faisant une opération moins longue que la division ordinaire) le nombre d'unités entières ou décimales d'un certain ordre du quotient de la division de deux nombres donnés par *défaut* ou par *excès*.

256. — Soit proposé de diviser 3489253,28354 par 438,987246 et de trouver une valeur approchée du quotient de cette division, avec une erreur moindre qu'une unité par *défaut* ou par *excès*.

Nous allons indiquer et effectuer des calculs préparatoires à la solution de la question proposée.

Prenons à partir de la gauche du dividende le nombre 3489 qui contient le diviseur, et qui est inférieur à 10 fois ce même diviseur ; le nombre 3489 représentant les mille du dividende donné, ce dividende est supérieur à 1000 fois le diviseur, et il est inférieur à 10000 fois ce même diviseur. La partie entière du quotient de la division ordinaire de 3489253,28354 par 438,987246 se compose donc de quatre chiffres.

Cela posé, à partir de la gauche du diviseur comptons *quatre* plus *deux* chiffres, c'est-à-dire *six* chiffres, et plaçons une virgule entre le sixième chiffre 7 et le septième chiffre 2 ; le nombre 438987,246 ainsi obtenu égale mille fois le diviseur 438,987246.

Si nous multiplions ensuite le dividende *donné* par mille, nous obtenons le nombre 3489253283,54 ; d'où le quotient complet de la division de ce dernier nombre par le diviseur 438987,246 est identique au quotient complet de la division des nombres proposés; car les nombres 3489253283,54 et 438987,246 sont respectivement les produits des nombres donnés, multipliés par 1000.

Ainsi la division proposée peut être remplacée par la division des nombres 3489253283,54 et 438987,246, et il ne sera plus alors question que de ces deux derniers nombres.

Prenons, à partir de la gauche du dividende 3489253283,54, le nombre 3489253 qui contient la partie entière 438987 du nouveau diviseur, et est inférieur à 10 fois cette même partie entière 438987 ; divisons 3489253 (qui exprime les mille du nombre 3489253283) par 438987; le quotient de cette division est 7 et le reste est 416344, d'après la division :

$$\begin{array}{c|c} 3489253 & 438987 \\ 416344 & 7 \end{array}$$

Divisons maintenant ce premier reste 416344 par 43898, c'est-à-dire par le diviseur précédent, privé de son premier chiffre de droite 7. Le quotient de cette deuxième division est 9 et le reste est 21262 ; d'après la division :

$$\begin{array}{c|c} 416344 & 43898 \\ 21262 & 9 \end{array}$$

Divisons encore ce deuxième reste 21262 par 4389, c'est-à-dire par le diviseur précédent, privé de son premier chiffre de droite 8 ; le quotient de cette troisième division est 4, et le reste est 5706, d'après la division :

$$\begin{array}{c|l} 21262 & 4389 \\ \hline 3706 & 4 \end{array}$$

Divisons enfin ce troisième reste 3706 par 438, c'est-à-dire par le diviseur précédent, privé de son premier chiffre de droite 9 ; le quotient de cette quatrième et dernière division est 8 et le reste 202, d'après la division :

$$\begin{array}{c|l} 3706 & 438 \\ \hline 202 & 8 \end{array}$$

Nous venons d'effectuer autant de divisions successives qu'il doit y avoir de chiffres dans la partie entière du quotient de la division ordinaire des deux nombres proposés. Nous connaissions d'avance ce nombre de chiffres de la partie entière du quotient.

Le nombre 7948 formé au moyen des quatre quotients que nous venons de trouver, écrits par ordre et successivement, représente le quotient de la division proposée, avec une erreur moindre qu'une unité, par *défaut* ou par *excès*, ainsi que nous allons le reconnaître après avoir fait la remarque suivante.

REMARQUE. Dans la pratique, on ne sépare point les unes des autres les quatre divisions que nous venons de faire ; en outre, on conserve le dividende et le diviseur tels qu'ils sont, et on opère de la manière suivante :

$$\begin{array}{l|l} 3489253283,54 & 438987,246 \\ \hline 416344 & 7948 \\ 21262 & \\ 3706 & \\ 202 & \end{array}$$

Les développements qui précèdent nous dispensent de donner l'explication de ce calcul.

257. — D'après la théorie de la multiplication abrégée :

En multipliant 438987 unités par 7000, au lieu de multiplier 438987,246 par 7000, l'erreur commise est inférieure à 7 mille ;

En multipliant 43898 dizaines par 900, au lieu de multiplier 438987, 246 par 900, l'erreur commise est inférieure à 9 mille ;

En multipliant 4389 centaines par 40, au lieu de multiplier 438987, 246 par 40, l'erreur commise est inférieure à 4 mille ;

En multipliant 438 mille par 8 unités, au lieu de multiplier 438987, 246 par 8 unités, l'erreur commise est inférieure à 8 mille.

Or, chacun des quatre produits dont nous venons de parler exprimant des mille, nous avons dû retrancher successivement chacun d'eux, du nombre 3489253, qui représente le nombre total des mille du dividende complet 3489253283,54 ; cette opération a été faite au moyen de soustractions successives, au nombre de *quatre*.

L'excès de ce même dividende sur la somme des quatre produits obtenus comme nous venons de le voir, est donc égal au nombre 202 qui exprime des mille, suivi de la partie 283,54 du dividende à laquelle il n'a point été touché; le reste complet, en d'autres termes, l'excès de 3489253283,54 sur la somme des quatre produits abrégés est donc égal au nombre 202283,54.

258. — Comme il convient de bien comprendre ce qui précède, multiplions directement le diviseur 438987,246

par 7948, en profitant de la règle de la multiplication abrégée, et de manière que chaque produit partiel exprime des mille. Il vient :

$$
\begin{array}{r}
\overset{\displaystyle\cdot\,\cdot\,\cdot\,\cdot}{438987,246} \\
7\ 948 \\
\hline
3\ 504 \\
17\ 556 \\
395\ 082 \\
3072\ 909 \\
\hline
3489\ 051
\end{array}
$$

Le produit 3489051 exprimant des mille, si nous le retranchons du dividende 3489253283,54 nous aurons à opérer la soustraction suivante :

$$
\begin{array}{r}
3489253283,54 \\
3489051000 \\
\hline
202283,54
\end{array}
$$

Et nous retrouvons ainsi exactement le reste 202283,54 déjà connu.

259. — La théorie de la multiplication abrégée nous a appris que l'excès du produit complet de 438987,246 par 7948 sur le produit abrégé 3489051000 que nous venons d'obtenir, est inférieur à un nombre entier de *mille* représenté par la somme des valeurs absolues des *quatre* chiffres du multiplicateur 7948 : or, la somme de ces chiffres est $(7+9+4+8)$, c'est-à-dire 28 : donc, l'excès du produit de 438987,246 par 7948, sur le produit abrégé 3489051000 est un nombre inférieur à 28000. Pour le raisonnement que nous allons faire, il est in-

utile de connaître cet excès ; il suffit de ne pas oublier qu'il est inférieur à 28000 ; quel qu'il soit, représentons-le par le caractère général e ; nous pouvons alors écrire l'égalité :

$$438987,246 \times 7948 = 3489051000 + e,$$

d'où

$$3489051000 = 438987,246 \times 7948 - e.$$

Et, comme d'après ce qui a été reconnu, le dividende 3489253283,54 égale une somme de deux parties, dont l'une est le produit abrégé 3489051000, et dont l'autre est le nombre 202283,54 ; si dans l'égalité :

$$3489253283,54 = 3489051000 + 202283,54,$$

nous remplaçons 3489051000 par une différence équivalente $(438987,246 \times 7948 - e)$, il vient :

$$3489253283,54 = 438987,246 \times 7948 - e + 202283,54.$$

Divisant les deux membres de cette égalité par le diviseur 438987,246 , il vient enfin :

$$\frac{3489253283,54}{438987,246} = 7948 - \frac{e}{438987,246} + \frac{202283,54}{438987,246}.$$

Cette dernière égalité prouve que le nombre 7948 sera bien le quotient de la division proposée avec une erreur moindre qu'une unité, si chacune des deux fractions $\dfrac{e}{438987,246}$ et $\dfrac{202283,54}{438987,246}$ est inférieure à l'unité.

Nous avons déjà reconnu que le numérateur représenté par e est inférieur à 28000. Donc e est plus petit que 438987,246 et la fraction $\dfrac{e}{438987,246}$ est inférieure à l'unité.

La fraction $\dfrac{202283,54}{438987,246}$ est évidemment inférieure à l'unité, car le numérateur est moins grand que le dénominateur ; cela devait être, attendu que 202 étant le reste d'une division dont le diviseur est 438, nous devons avoir nécessairement : $202 < 438$.

En outre, ces deux nombres 202 et 438 expriment des mille, donc, ils diffèrent au moins d'un mille et nous pouvons écrire :

$$202000 \quad < 438000$$
$$202283,54 < 438000$$

et *à fortiori*

$$202283,54 < 438987,246$$

Le nombre 7948 représente donc le quotient de la division proposée, avec une erreur moindre qu'une unité par *défaut* ou par *excès*.

260. — Nous allons donner de nouveau la théorie de la division abrégée , en employant des caractères généraux qui représenteront des nombres.

Soit proposé de trouver une valeur approchée du quotient de la division de deux nombres donnés, sous forme décimale, avec une erreur moindre qu'une unité par *défaut* ou par *excès*.

Nous chercherons immédiatement l'espèce des plus hautes unités du quotient de la division ordinaire des nombres donnés, et nous connaîtrons par suite le nombre n des chiffres que nous avons à obtenir.

Au moyen d'une virgule, séparons au diviseur, à partir de sa gauche, un nombre de chiffres égal à $(n + 2)$;

nommons B le nombre provenant du diviseur donné ainsi modifié.

Maintenant, déplaçons la virgule dans le dividende, de sorte que le quotient complet de la division ordinaire des deux nombres donnés ainsi transformés, soit identique au quotient complet de la division ordinaire des deux nombres donnés. Soit A ce nouveau dividende :

Alors le quotient de la division ordinaire des deux nombres donnés est identique au quotient de la division ordinaire des nombres A et B.

Cela posé : prenons à partir de la gauche du dividende A, le plus petit nombre qui contienne la partie entière du diviseur B, composée de $(n + 2)$ chiffres : le quotient de la division de ce plus petit nombre ainsi obtenu par la partie entière de B, sera le premier chiffre à gauche du quotient cherché.

Divisons actuellement le reste de la division que nous venons de faire par le diviseur précédent privé de son premier chiffre de droite, et nous aurons le deuxième chiffre du quotient.

Divisons ensuite ce deuxième reste par le diviseur précédent privé de son premier chiffre de droite et nous aurons le troisième chiffre du quotient : ainsi de suite, jusqu'à ce que nous ayons trouvé les n chiffres cherchés, ou en d'autres termes, jusqu'à ce que le quotient obtenu, que nous appellerons q, exprime des unités simples ; nommons r le dernier reste trouvé et b le diviseur correspondant.

Avant d'aller plus loin nous pouvons remarquer que r, reste de la dernière division partielle, est moindre que le dernier diviseur partiel b, au moins d'une unité de l'ordre n; car ce dernier diviseur partiel exprime aussi des unités de l'ordre n dans le diviseur complet, puisque le dernier chiffre du quotient exprime des unités simples. Nous remarquerons, en outre, que ce diviseur b a trois chiffres : en effet, il a été obtenu après avoir retranché successivement les $(n-1)$ premiers chiffres à partir de la droite du premier diviseur partiel composé de $(n+2)$ chiffres : donc, le dernier diviseur partiel doit avoir un nombre de chiffres représenté par la différence $(n+2) - (n-1)$ qui égale 3; car $n-1+3 = n+2$.

En opérant comme nous l'avons indiqué, le problème proposé rera résolu.

En effet, représentons par la lettre S la somme des produits des n diviseurs partiels, multipliés respectivement par les n chiffres de q, et soit R le reste complet obtenu, après avoir retranché S de A.

Représentons enfin par e l'excès de $B \times q$ sur S : nous pouvons donc écrire l'égalité :

$$B \times q = S + e \quad \text{d'où} \quad S = B \times q - e.$$

Et comme le dividende A égale une somme de deux parties dont l'une est la somme S, et dont l'autre est le reste complet R; si dans l'égalité $A = S + R$ nous remplaçons S par une différence équivalente $(B \times q - e)$, il vient :

$$A = B \times q - e + R.$$

Divisant par B les deux membres de cette dernière égalité, nous avons enfin :

$$\frac{A}{B} = q - \frac{e}{B} + \frac{R}{B}$$

Cette dernière égalité prouve que le nombre q sera bien le quotient de la division proposée, avec une erreur moindre qu'une unité par *défaut* ou par *excès*, si chacune des deux fractions $\frac{e}{B}$ et $\frac{R}{B}$, et par conséquent leur différence est inférieure à l'unité.

1° $\frac{e}{B}$ est plus petit que 1. En effet :

Le premier dividende partiel exprime des unités de l'ordre n; car, divisé par le premier diviseur qui exprime des unités simples, il doit donner pour quotient un chiffre qui exprime des unités du même ordre n.

Nommons c_1, c_2, c_3....... c_n (que l'on énonce c *indice* 1, c *indice* 2, etc.) les n chiffres successifs de q, à partir de la gauche.

c_1 exprimant des unités de l'ordre n, le produit du premier diviseur partiel qui représente des unités simples par c_1 donnera des unités de l'ordre n; et ce produit devra être retranché du dividende partiel qui exprime des unités du même ordre, c'est-à-dire, de l'ordre n.

Dans la seconde division qui a été indiquée, le diviseur partiel représente des dizaines, et le deuxième chiffre c_2 du quotient représente des unités de l'ordre $(n-1)$, donc le produit du second diviseur par c_2, exprimera aussi des unités de l'ordre n; il devra donc encore être retranché du premier reste qui exprime des unités de cet ordre; ainsi de suite.

Or, d'après ce que nous a appris la théorie de la multiplication abrégée, chacun des produits partiels est inférieur au produit du diviseur complet par le chiffre multiplicateur correspondant, d'une quantité qui est inférieure au produit d'une unité de l'ordre n, multipliée par ce même multiplicateur.

La somme de tous les produits partiels est donc plus petite que le produit de B par q, d'une quantité inférieure au produit d'une unité de l'ordre n, multipliée par le nombre entier qui exprime la somme des valeurs absolues des chiffres de q. Admettons, que cette dernière somme soit moins grande que 100 : alors, l'excès de $B \times q$ sur S est inférieur au produit d'une unité de l'ordre n, multipliée par 100, ce qui donne une unité de l'ordre $(n + 2)$.

Le premier diviseur partiel a $(n + 2)$ chiffres : donc, le premier chiffre à gauche de ce diviseur exprime des unités de l'ordre $(n + 2)$; par conséquent l'excès de $B \times q$ sur S, nommé e, est inférieur à ce premier diviseur partiel, et il est *à fortiori* moins grand que ce même premier diviseur suivi d'une partie décimale, c'est-à-dire que B; donc, $\frac{e}{B} < 1$.

2° $\frac{R}{B}$ est aussi plus petit que 1.

En effet nous avons déjà remarqué que r est plus petit que b, au moins d'une unité de l'ordre n, et R surpassant r d'une quantité inférieure à une unité de l'ordre n; R sera donc encore inférieur au nombre total b des unités de l'ordre n du diviseur complet, et, *à fortiori*, R < B ou $\frac{R}{B} < 1$.

Ce qu'il fallait démontrer.

261. — Remarques. — I. Dans l'exemple qui a été pris pour exposer la théorie de la division abrégée, la somme des valeurs absolues des chiffres du quotient est inférieure à 100; or, cette somme sera évidemment inférieure à 100 lorsque le quotient ne devra point avoir plus de *onze* chiffres, car alors elle ne pourra surpasser 9×11. Si la somme des valeurs absolues des chiffres du quotient devait être comprise entre 100 et 1000, au lieu de prendre un premier diviseur partiel composé de $(n + 2)$ chiffres, on le prendrait de $(n + 3)$ chiffres.

II. Si l'on nous propose de trouver, par la méthode de la division abrégée, le quotient de la division de deux nombres quelconques avec une erreur moindre qu'une certaine subdivision décimale de l'unité, $\dfrac{1}{10}$ par exemple, nous n'aurons qu'à multiplier le dividende donné A par 10, et à chercher avec une erreur moindre qu'une unité simple le quotient de la division de 10 fois A par le diviseur donné B; nous diviserons ensuite le quotient obtenu par 10, et le problème sera résolu. En effet, représentons par q le quotient approché de 10 A par B, avec une erreur moindre qu'une unité, nous aurons :

$$q < \frac{10\,A}{B} < q + 1$$

d'où

$$\frac{q}{10} < \frac{A}{B} < \frac{q+1}{10}.$$

Le nombre $\dfrac{q}{10}$ représente donc le plus grand nombre de dixièmes contenus dans $\dfrac{A}{B}$; ce qui était à reconnaître.

Des erreurs relatives.

262. — Nous avons déjà donné (247) la définition de l'*erreur absolue* commise en remplaçant un nombre par une valeur qui en approche par *défaut* ou par *excès*.

On appelle *erreur relative* d'un nombre, le quotient de la division de l'*erreur absolue* de ce nombre par sa valeur *exacte :* par exemple, si $0^m,8$ représente une *erreur absolue* commise sur une longueur de 300 mètres; l'*erreur relative correspondante* sera égale au quotient de la division de $0^m,8$ par 300 mètres, c'est-à-dire à $\dfrac{0^m,8}{300^m} = \dfrac{0,8}{300} = \dfrac{8}{3000}$; si nous voulons trouver l'*erreur absolue* connaissant l'*erreur relative* et le nombre *exact*, nous n'aurons qu'à multiplier l'*erreur relative* par le nombre *exact*, qui, dans notre exemple, est égal à 300; ainsi, nous aurons $\dfrac{8}{3000} \times 300 = \dfrac{8 \times 300}{3000} = \dfrac{8}{10} = 0,8$. L'*erreur absolue* étant égale au produit $\dfrac{8}{3000} \times 300 = 300 \times \dfrac{8}{3000}$; nous pourrons dire que l'*erreur absolue* est les $\dfrac{8}{3000}$ de la longueur totale 300 mètres.

263. — Remarque. L'*erreur relative* du nombre incommensurable $3,141592\ldots$, lorsqu'on lui substitue le nombre décimal $3,14$, est égale à la fraction $\dfrac{0,001592\ldots}{3,141592\ldots}$; l'*erreur relative* du nombre incommensurable $0,003141592\ldots$, lorsqu'on lui substitue le nombre décimal $0,00314$, est égale à la fraction $\dfrac{0,00000\,1592\ldots\ldots}{0,00314\,1592\ldots\ldots}$. Or, les deux fractions $\dfrac{0,001592\ldots\ldots}{3,141592\ldots\ldots}$ et $\dfrac{0,00000\,1592\ldots\ldots}{0,00314\,1592\ldots\ldots}$ sont égales entre elles, car on passe de la première à la seconde en divisant les deux termes de la première par un même nombre *mille*; par con-séquent, deux nombres incommensurables différents $3,141592\ldots\ldots$ et $0,00314\,1592\ldots\ldots$, mais qui sont composés identiquement des mêmes chiffres significatifs, ont des *erreurs relatives* égales entre elles, lorsque les nombres approchés $3,14$ et $0,00314$ qu'on leur substitue ne diffèrent que par un simple déplacement de la virgule.

264. — Nous donnerons le nom de *limite d'erreur absolue*, ou *limite d'erreur relative*, à tout nombre supérieur à l'erreur considérée, mais *qui en diffère peu;* chacune de ces deux limites, ainsi définies, admettra évidemment une infinité de valeurs.

Lorsque l'on connaît deux nombres différents, qui sont l'un et l'autre plus grands qu'une certaine erreur, il est clair qu'on devra préférer le plus petit de ces deux nombres pour exprimer une limite de l'erreur considérée.

En outre, il doit être bien entendu que ces mots, *limite d'erreur absolue* et *limite d'erreur relative*, ne sont encore ici que des locutions abréviatives qui n'ont aucune espèce de rapport avec la signification attribuée au mot *limite* dont nous avons donné la définition au commencement de cet ouvrage (page 2).

L'emploi d'une valeur approchée exige que l'on connaisse une *limite d'erreur absolue*, ou une *limite d'erreur relative* commise en substituant cette valeur approchée à la valeur exacte du nombre que l'on considère.

265. — PROBLÈMES. — I. Connaissant une *valeur approchée* d'un nombre entier ou décimal, ainsi qu'une *limite d'erreur absolue correspondante*, déterminer une *limite d'erreur relative*.

Premier exemple. Soit pris le nombre entier 34567 que nous remplaçons par 34500 : l'*erreur absolue* commise est 67, et l'*erreur relative* est représentée par la fraction

$$\frac{67}{34567};$$

Or 67 est inférieur à 100,

Et 34567 est supérieur à 30000.

Donc, par cette double raison : l'*erreur relative* $\frac{67}{34567}$ est inférieure à la fraction $\frac{100}{30000}$ qui égale $\frac{1}{300}$.

La fraction $\frac{1}{300}$ est, par conséquent, une *limite d'erreur relative* correspondante.

Dans le nombre proposé 34567 remplacé par 34500, nous avons seulement conservé avec leurs valeurs absolues et leurs valeurs relatives les trois premiers chiffres 3, 4 et 5, à partir de la gauche, et nous avons substitué des zéros aux deux autres, 6 et 7 ; nous pourrons donc dire : dans notre exemple, l'*erreur relative* est inférieure à la fraction ayant pour numérateur l'unité et pour dénominateur le nombre formé du premier chiffre significatif 3 à gauche du nombre donné, suivi d'autant de zéros qu'on a conservé de chiffres significatifs après ce premier chiffre.

266. — Même exemple : Autre *limite d'erreur relative*.

L'*erreur relative* obtenue plus haut étant toujours la fraction $\dfrac{67}{34567}$.

Le numérateur 67 est inférieur à 100,

Et 34567 est supérieur à 10000.

Donc, par cette double raison : L'*erreur relative* $\dfrac{67}{34567}$ est inférieure à la fraction $\dfrac{100}{10000}$ qui égale $\dfrac{1}{100}$.

La fraction $\dfrac{1}{100}$ est, par conséquent, une *limite d'erreur relative*.

Nous dirons encore : L'*erreur relative* est inférieure à la fraction ayant pour numérateur l'unité et pour dénominateur l'unité suivie d'autant de zéros qu'on a conservé de chiffres significatifs moins un.

267. — *Second exemple.* Soit le nombre incommensurable 34,2587954....... que nous remplaçons par 34,258. L'*erreur absolue* commise est 0,0007954......., l'*erreur relative* correspondante est représentée par la fraction $\dfrac{0,0007954.......}{34,2587954.......}$.

Or, le numérateur 0,0007954....... est inférieur à 0,001 ,

Et le dénominateur 34,2587954....... est supérieur à 30.

Donc, l'*erreur relative* $\dfrac{0,0007954.......}{34,2587954.......}$ est inférieure à la fraction $\dfrac{0,001}{30}$ qui égale $\dfrac{1}{30000}$.

Ainsi, la fraction $\dfrac{1}{30000}$ est une *limite d'erreur relative*.

Donc, dans cet exemple, une *limite d'erreur relative* est représentée par la fraction ayant pour numérateur l'unité et pour dénominateur le nombre formé du premier chiffre significatif à gauche 3, suivi d'autant de zéros qu'on a conservé de chiffres, après ce premier chiffre.

268. — Même exemple : Autre *limite d'erreur relative.*

L'*erreur relative* est toujours $\dfrac{0,0007954\ldots\ldots}{34,2587954\ldots\ldots}$.

Or, 0,0007954....... est inférieur à 0,001,

Et 34,2587954....... est supérieur à 10 :

Donc, par cette double raison : L'*erreur relative* $\dfrac{0,0007954\ldots\ldots}{34,2587954\ldots\ldots}$ est inférieure à la fraction $\dfrac{0,001}{10}$ qui égale 0,0001.

Ainsi, d'après cet exemple, lorsqu'on donne un nombre décimal qui représente (avec une erreur moindre qu'une unité du premier ordre à partir de sa droite), la valeur approchée par défaut d'un nombre incommensurable, une *limite d'erreur relative* correspondante à cette valeur approchée est représentée par une unité de l'ordre décimal dont le rang est identique au nombre total des chiffres qui composent la valeur approchée, diminué de un.

269. — *Troisième exemple.* Enfin prenons un exemple général et soit le nombre incommensurable

$$3\ldots\overset{n}{\ldots}4, 5\ldots\overset{n'}{\ldots}6\,234567\ldots\ldots\ldots$$

Cette expression signifie que la partie entière $3\ldots\overset{n}{\ldots}4$ se compose de n chiffres en y comprenant les deux chiffres

extrêmes 3 et 4, et que la première des deux parties décimales 5...$\overset{n'}{...}$..6 se compose de n' chiffres, en y comprenant les deux chiffres extrêmes 5 et 6 ; quant à la seconde
partie décimale, elle est en évidence. Cela posé :

Si nous remplaçons le nombre incommensurable donné
par le nombre décimal 3...$\overset{n}{..}$..4 , 5...$\overset{n'}{...}$..·6, l'erreur absolue
commise est o,o..$\overset{n'}{...}$..o 234567.......

L'*erreur relative* correspondante est représentée par la
fraction
$$\frac{\text{o,o}.\overset{n'}{......}\text{o 234567.......}}{\underset{n}{3.....}4,5\underset{n'}{......}.6\ 234567.......}$$

Or, le numérateur o,o..$\overset{n'}{...}$..o 234567...... est inférieur
à $\dfrac{1}{10^{n'}}$

Le dénominateur 3..$\overset{n}{..}$..4,5...$\overset{n'}{...}$..6 234567....... est supérieur à $10^{n-1}\times3$.

Donc , *l'erreur relative*
$$\frac{\text{o,o}.\overset{n'}{......}\text{o 234567.......}}{\underset{n}{3.....}4,5\underset{n'}{......}.6\ 234567.......}$$

est inférieure à la fraction $\dfrac{\dfrac{1}{10^{n'}}}{3\times10^{n-1}}$ qui égale

$$\frac{1}{3\times10^{n-1}\times10^{n'}} = \frac{1}{3\times10^{n'+n-1}}.$$

Donc la fraction $\dfrac{1}{3\times10^{n'+n-1}}$ est *une limite d'erreur
relative*.

Généralement, dans tout exemple : une *limite d'erreur
relative* est le quotient de la division qui a pour dividende
l'unité, et pour diviseur le nombre que l'on forme en
multipliant le premier chiffre significatif de gauche, par
la puissance de 10, indiquée par le nombre de chiffres
que l'on conserve, diminué de un.

270. — *Même exemple* : Autre limite d'erreur relative.

L'*erreur relative* étant : $\dfrac{0,0\ldots\overset{n'}{\ldots}0\,234567\ldots\ldots}{3\ldots\underset{n}{\ldots}4,5\ldots\underset{n'}{\ldots}6\,234567\ldots\ldots}$.

Le numérateur $0,0\ldots\overset{n'}{\ldots}0234567\ldots\ldots$ est inférieur

à $\dfrac{1}{10^{n'}}$.

Le dénominateur $3\ldots\overset{n}{\ldots}4,5\ldots\overset{n'}{\ldots}6\,234567\ldots\ldots$ est

supérieur à 10^{n-1}.

Donc, l'*erreur relative* $\dfrac{0,0\ldots\overset{n'}{\ldots}0\,234567\ldots\ldots}{3\ldots\underset{n}{\ldots}4,5\ldots\underset{n'}{\ldots}6\,234567\ldots\ldots}$

est inférieure à la fraction $\dfrac{\dfrac{1}{10^{n'}}}{10^{n-1}} = \dfrac{1}{10^{n'}\times 10^{n-1}}$ qui

égale $\dfrac{1}{10^{n'+n-1}}$.

Ainsi la fraction $\dfrac{1}{10^{n'+n-1}}$ est *une limite d'erreur relative*.

Généralement, dans tout exemple : une *limite d'erreur relative* est le quotient de la division qui a pour dividende l'unité, et pour diviseur la puissance de 10, indiquée par le nombre de chiffres que l'on conserve diminué de un.

271. — II. Connaissant une *valeur approchée* d'un nombre, ainsi qu'une *limite d'erreur relative*, déterminer une limite d'*erreur absolue*.

Soit le nombre $34,25873$ qui représente la valeur approchée par *défaut* d'un nombre incommensurable : l'*erreur relative* étant inférieure à $\dfrac{1}{1000}$.

Nous avons déjà remarqué dans le problème précédent

que le produit du nombre exact par l'*erreur relative* était égal à l'*erreur absolue* ; mais dans la question proposée l'*erreur relative* est inférieure à $\dfrac{1}{1000}$; donc, l'*erreur absolue* doit être moindre que le produit du nombre exact par $\dfrac{1}{1000}$: en d'autres termes, l'*erreur absolue* est inférieure à la millième partie du nombre exact. Or, le millième d'un nombre quelconque est plus petit que l'unité du troisième ordre que l'on obtient en partant de la gauche de ce même nombre ; donc enfin, l'*erreur absolue* est moindre qu'une unité du troisième ordre à partir de la gauche.

272. — Même question. Supposons encore que l'*erreur relative* commise en substituant à un nombre incommensurable une valeur approchée 34,25873 soit inférieure à $\dfrac{1}{1000}$.

Représentons par n la *valeur exacte* du nombre considéré, et par e l'*erreur absolue*.

Puisque l'*erreur relative*, qui est égale à $\dfrac{e}{n}$, est inférieure à $\dfrac{1}{1000}$, nous aurons :

$$\frac{e}{n} < \frac{1}{1000}$$

d'où :

$$e < \frac{1}{1000} \times n$$

Si nous remplaçons n par une valeur qui lui soit évidemment supérieure, par exemple, par l'unité de l'ordre immédiatement supérieur aux plus hautes unités de la valeur approchée connue, nous aurons *à fortiori* :

$$e < \frac{1}{1000} \times 100 \quad \text{ou bien} \quad e < \frac{1}{10}.$$

Donc, si l'erreur relative commise en substituant une valeur approchée à la valeur exacte d'un nombre est inférieure à $\frac{1}{1000} = \frac{1}{10^3}$, l'erreur absolue sera moindre qu'une unité de l'ordre représenté par le troisième chiffre de la valeur exacte du nombre, à partir du premier chiffre significatif à gauche.

273. — REMARQUES. — I. Le nombre 0,1 étant une limite d'erreur absolue, si au nombre 34,25873 approché par défaut nous ajoutons 0,1, nous trouvons le nombre 34,35873 qui sera une valeur approchée du nombre n par excès. Cela posé : les deux nombres 34,3 et n ont pour différence un nombre inférieur à 0,1 ; car ils sont compris entre deux valeurs approchées qui diffèrent de 0,1, mais nous ignorons si 34,3 est approché par défaut ou par excès.

II. La règle donnée plus haut a l'avantage de pouvoir être appliquée toujours : mais, dans la pratique, on peut souvent trouver une limite préférable à celle que nous venons d'indiquer.

Ainsi, dans l'exemple précédent, au lieu de multiplier $\frac{1}{1000}$ par 100, on aurait pu multiplier $\frac{1}{1000}$ par 40, c'est-à-dire, par le nombre des plus hautes unités de l'ordre à gauche, plus une de ces unités. Nous aurions alors :

$$e < \frac{1}{1000} \times 40 \quad \text{ou} \quad e < \frac{4}{100}.$$

Si au nombre $34,25873$ approché par défaut, nous ajoutons $0,04$ nous trouvons le nombre $34,29873$ approché par excès : alors les deux nombres $34,2$ et $34,3$ comprennent toujours n.

274. — THÉORÈMES. — I. *L'erreur relative d'un produit de deux facteurs est moindre que la somme des erreurs relatives de ces facteurs.*

Soient A et B les valeurs exactes des deux facteurs donnés,

Soient α et 6 les erreurs absolues respectives de ces facteurs,

Les nombres $(A - \alpha)$ et $(B - 6)$ seront donc les valeurs approchées ; cela posé :

$\dfrac{\alpha}{A}$ et $\dfrac{6}{B}$ sont les erreurs relatives correspondantes aux facteurs donnés A et B, et $\dfrac{\alpha}{A} + \dfrac{6}{B}$ ou bien $\dfrac{\alpha B + 6A}{AB}$ sera la somme des erreurs.

D'autre part, l'erreur relative du produit dont on donne les facteurs est :

$$\frac{AB - (A - \alpha)(B - 6)}{AB} = \frac{\alpha B + A6 - \alpha 6}{AB}.$$

L'expression $\dfrac{\alpha B + A6 - \alpha 6}{AB}$ ou $\dfrac{\alpha B + 6(A - \alpha)}{AB}$ est évidemment moindre que l'expression $\dfrac{\alpha B + 6A}{AB}$, ce qui était à démontrer.

REMARQUE. Il convient de justifier l'égalité :

$$\frac{AB - (A - \alpha)(B - 6)}{AB} = \frac{\alpha B + A6 - \alpha 6}{AB}.$$

Le numérateur de la première de ces deux fractions exprime que le produit $(A-\alpha)(B-6)$ doit être soustrait de AB ; or, d'après la définition de la multiplication (15 et 88), pour obtenir le produit de $(A-\alpha)$ par $(B-6)$, il suffit de multiplier $(A-\alpha)$ par B et de retrancher du nombre trouvé le produit de $(A-\alpha)$ par 6. On a ainsi :

$$(A-\alpha)(B-6) = (A-\alpha)B - (A-\alpha)6.$$

En outre :

$$(A-\alpha)B = B(A-\alpha) = BA - B\alpha ;$$

ainsi

$$(A-\alpha)B = BA - B\alpha.$$

Pareillement

$$(A-\alpha)6 = 6(A-\alpha) = 6A - 6\alpha ;$$

d'où

$$(A-\alpha)6 = 6A - 6\alpha :$$

donc

$$(A-\alpha)(B-6) = BA - B\alpha - (6A - 6\alpha) = BA - B\alpha - 6A + 6\alpha.$$

Car, si à ce dernier résultat $(BA - B\alpha - 6A + 6\alpha)$ nous ajoutons $(6A - 6\alpha)$, nous retrouvons $(BA - B\alpha)$.

Retranchant le produit $(BA - B\alpha - 6A + 6\alpha)$ de AB, il vient :

$$(AB - BA + B\alpha + 6A - 6\alpha),$$

car si à cette différence nous ajoutons $(BA - B\alpha - 6A + 6\alpha)$, nous avons AB. Mais $(AB - BA + B\alpha + 6A - 6\alpha)$

égale évidemment $(B\alpha + 6A - 6\alpha)$. Par conséquent, les deux fractions considérées sont égales entre elles.

275. — II. *L'erreur relative d'un quotient est moindre que la somme des erreurs relatives du dividende et du diviseur; on suppose le dividende approché par défaut et le diviseur approché par excès.*

Soient A et B les valeurs exactes du dividende et du diviseur donnés,

Soient α et 6 les erreurs absolues respectives de ces deux termes.

Les nombres $(A - \alpha)$ et $(B + 6)$ seront donc les valeurs approchées; cela posé,

La somme des erreurs relatives correspondantes aux nombres donnés, est $\dfrac{\alpha B + 6A}{AB}$.

D'autre part, l'erreur relative du quotient est

$$\frac{\dfrac{A}{B} - \dfrac{A - \alpha}{B + 6}}{\dfrac{A}{B}} = \frac{A(B +) - (A - \alpha)B}{A(B + 6)} = \frac{A6 + \alpha B}{A(B + 6)}.$$

L'expression $\dfrac{A6 + \alpha B}{A(B + 6)}$ est évidemment inférieure à $\dfrac{\alpha B + 6A}{AB}$, ce qui était à démontrer.

Logarithmes.

276. — Nous avons déjà trouvé plusieurs fois l'occasion de parler d'un *rapport*; ainsi, le *rapport* des deux nombres 8 et 4 est le quotient de la division de 8 par 4. Nous avons indiqué un moyen d'exprimer ce *rapport* en écrivant $\dfrac{8}{4}$. On indique souvent le même *rapport* en écri-

vant les deux nombres 8 et 4 à côté l'un de l'autre et en
les séparant par deux points; ainsi on écrit 8 : 4 que l'on
énonce 8 *est à* 4.

277. — Le *rapport* considéré prend quelquefois le
nom de *rapport géométrique* ou par *quotient*, dans le but
de le distinguer du *rapport arithmétique* ou par *différence.*

278. — Le *rapport arithmétique* ou par *différence* des
nombres 12 et 7, est le nombre obtenu lorsqu'on a retranché 7 de 12. On indique le *rapport* par *différence* de
deux nombres, eu les plaçant à côté l'un de l'autre, et
en les séparant par le signe *moins*, ou bien par un seul
point. Les deux expressions 12 — 7 et 12 . 7 expriment
le *rapport* par *différence* des deux nombres 12 et 7. On
sait énoncer la première de ces deux expressions 12 — 7 ;
quant à la seconde 12 . 7, on dit 12 *est à* 7.

279. — On donne le nom de *série* à une suite composée d'un nombre indéfini de termes qui dérivent tous
les uns des autres, d'après une loi déterminée.

Premier exemple : écrivons les nombres

$$3, \ 6, \ 12, \ 24, \ 48, \ 96, \ \text{etc.}$$

ces nombres forment une série, car chacun d'eux est
égal au précédent multiplié par le nombre constant 2 ;
en outre, les nombres constituant cette série, pris par
ordre, peuvent être considérés comme formant les différents termes d'une suite de rapports géométriques
égaux entre eux, car nous avons

$$\frac{3}{6} = \frac{6}{12} = \frac{12}{24} = \frac{24}{48} = \frac{48}{96} = \text{etc.}$$

280. — Si nous écrivons les nombres donnés de la manière suivante,

$$3 : 6 : 12 : 24 : 48 : 96 : \text{etc.}$$

la série proposée prendra alors le nom particulier de *progression géométrique* ou *progression* par *quotient*. Nous l'énoncerons :

3 est à 6, est à 12, est à 24, est à 48, etc.

281. — *Second exemple :* écrivons les nombres,

$$2, \ 5, \ 8, \ 11, \ 14, \ 17, \ \text{etc.}$$

Ces nombres constituent encore une série, car chacun d'eux est égal au précédent augmenté constamment du nombre 3 : nous pouvons donc, avec ces mêmes nombres, former une suite de rapports par différence égaux entre eux, et nous aurons :

$$5 - 2 = 8 - 5 = 11 - 8 = 14 - 11 = 17 - 14 = \text{etc.}$$

282. — Si nous écrivons de la manière suivante la série donnée :

$$2 . 5 . 8 . 11 . 14 . 17 . \text{etc.,}$$

elle prendra le nom particulier de *progression arithmétique* ou *progression* par *différence*; et nous l'énoncerons :

2 est à 5, est à 8, est à 11, est à 14, etc.

283. — Cela posé, nous dirons : les *Logarithmes* sont des nombres en progression arithmétique, dont l'un est *zéro*, qui correspondent terme pour terme à des nombres en progression géométrique, dont l'un est l'*unité*. En outre, 0 et 1 doivent se correspondre dans les deux progressions.

Chaque terme de la progression par différence est dit

le logarithme du terme qui lui correspond dans la progression géométrique.

L'ensemble des deux progressions forme un *système de logarithmes.*

284. — On nomme *base* d'un système de logarithmes, le nombre qui a pour logarithme 1.

Prenons les deux progressions suivantes :

$$1 : 2 : 4 : 8 : 16 : 32 : 64 : 128 : 256 : 512 : \text{etc.}$$
$$0 \,.\, 1 \,.\, 2 \,.\, 3 \,.\, 4 \,.\, 5 \,.\, 6 \,.\, 7 \,.\, 8 \,.\, 9 \,.\, \text{etc.}$$

285. — Si nous multiplions le *quatrième* terme 8 de la progression géométrique par le *septième* terme 64 de la même progression, nous avons pour produit le *dixième* terme 512 de la même progression.

Maintenant si nous ajoutons le *quatrième* terme 3 de la progression arithmétique au *septième* terme 6 de la même progression, la somme 9 est le *dixième* terme de cette même progression.

Ainsi, en effectuant le produit de deux termes de la progression géométrique et en faisant la somme des termes qui leur correspondent dans la progression arithmétique, le produit et la somme sont deux nombres qui se correspondent dans les deux progressions. Cette remarquable propriété peut nous dispenser de faire le produit des deux nombres donnés 8 et 64; nous n'avons en effet qu'à faire la somme des termes 3 et 6 de la progression arithmétique, et le produit cherché sera le nombre 512, qui dans la progression géométrique, correspond au terme 9 de la progression arithmétique.

286. — Les principaux théorèmes relatifs aux logarithmes sont :

1° Le logarithme d'un produit de deux facteurs est égal à la somme des logaritmes de ces deux facteurs.

2° Le logarithme d'un produit de plus de deux facteurs est égal à la somme des logarithmes de tous ces facteurs.

3° Le logarithme de la puissance d'un nombre est égal au produit du logarithme de ce nombre par le degré de la puissance.

4° Le logarithme de la racine d'un nombre est égal au quotient de la division du logarithme de ce nombre, par l'indice de la racine.

5° Le logarithme du quotient de la division de deux nombres est égal au logarithme du dividende diminué du logarithme du diviseur.

Nous nous dispenserons de faire connaître la disposition et l'usage des tables de logarithmes : les explications qui se trouvent au commencement de ces tables sont parfaitement exposées dans l'excellente édition des tables de Lalande, publiée chez MM. Hachette et Cie, par M. J. Dupuis.

Règle à calculs.

287. — La *règle à calculs* a pour but de donner, par le simple et convenable déplacement de l'un de ses éléments, les résultats approchés de diverses opérations ; en outre, elle fournit un tableau des renseignements les plus usuels, qui se trouve sur l'une des faces de la règle ; à l'autre face se trouvent trois échelles dont deux sont fixes, et dont la troisième est mobile. Les longueurs des divisions tracées sur ces échelles sont proportionnelles aux logarithmes des nombres que l'on y voit écrits.

La règle à calculs est tout simplement une table abrégée de logarithmes.

Pour lire un nombre quelconque sur la règle à calculs on énonce d'abord le chiffre de la division principale placée à gauche du point sur lequel on s'est arrêté ; puis on compte les subdivisions de l'échelle, et enfin on apprécie le mieux possible l'espace compris entre les deux subdivisions successives correspondantes : on peut obtenir la lecture d'un nombre composé de trois chiffres, et avoir ainsi une limite d'approximation.

Les divisions de droite de la partie mobile et de l'échelle supérieure de la partie fixe, indiquent des unités d'un ordre supérieur à celui des unités de la partie de la règle qui est à gauche : en remarquant, toutefois, que cet ordre est arbitraire : par exemple, si les premières divisions de gauche indiquent des *millièmes*, des *centaines* ou des *millions*, le premier chiffre d'un nombre sur la partie de droite exprimera des *centièmes*, des *mille*, ou des *dizaines de million*.

MULTIPLICATION. — Pour avoir le produit de deux nombres donnés, on amène le n° 1 du curseur au-dessous de la partie de l'échelle supérieure où se trouve le multiplicande : le produit cherché est au-dessus du multiplicateur lu sur le curseur. On obtient ainsi les premiers chiffres significatifs du produit; quant à l'ordre des unités qu'ils représentent, il est connu d'avance d'après les principes de l'arithmétique.

DIVISION. — Pour avoir le quotient d'une division proposée, on lit le dividende sur l'échelle supérieure, on amène au-dessous le point du curseur qui correspond au diviseur, et au-dessus du n° 1 du curseur on trouve le quotient placé sur l'échelle supérieure.

RACINE CARRÉE. — Pour extraire une racine carrée, on cherche le nombre proposé sur le curseur dont le n° 1 doit correspondre avec le n° 1 de l'échelle inférieure de la partie fixe ; on lit les premiers chiffres de la racine carrée au-dessous , sur l'échelle inférieure de la partie fixe. Cette lecture doit se faire sur la partie de droite du curseur, si le nombre des chiffres du nombre proposé est pair, et sur la partie de gauche si ce nombre est impair.

288. — REMARQUE. On pourrait encore avec la règle à calculs, trouver la racine cubique, ainsi que le logarithme d'un nombre ; on peut également en profiter pour faire des calculs trigonométriques, etc. Mais la règle en question sert rarement à ces usages : si l'on employait des règles à calculs de plus grande dimension, on pourrait alors, en multipliant les subdivisions, obtenir un plus grand nombre de chiffres du résultat dont on a besoin , et arriver par suite à un plus grand degré d'exactitude.

Dans le but de satisfaire aux exigences du programme, nous avons dû écrire quelques lignes touchant la règle à calculs : mais nous engageons le lecteur à consulter l'instruction qui accompagne tout instrument de cette nature.

FIN.

Paris. — Imprimé par E. Thunot et Cⁱᵉ, 26, rue Racine.

www.ingramcontent.com/pod-product-compliance
Ingram Content Group UK Ltd.
Pitfield, Milton Keynes, MK11 3LW, UK
UKHW020736120726
13693UKWH00001B/357